SECHSSTELLIGE GAUSSISCHE
UND
SIEBENSTELLIGE GEMEINE
LOGARITHMEN

VON

S. GUNDELFINGER

LEIPZIG
VERLAG VON VEIT & COMP.
1900

Druck von Metzger & Wittig in Leipzig.

Vorrede.

Der Vorzug der vorliegenden Tafeln beruht vor allem auf ihrer gedrängten Darstellung (8 Seiten Gaussische und 18 Seiten gemeine Logarithmen), sowie auf dem Umstand, dass die sechste Decimale der Gaussischen Logarithmen mit Strichen versehen und hierdurch fast die gleiche Genauigkeit dargeboten ist, wie bei den siebenstelligen Zech'schen und Wittstein'schen Tafeln.

Wenn zu gegebenem B das zugehörige A berechnet werden soll, so versagt an den Grenzen Zech zum Teil und Wittstein vollständig. Weitaus vorzuziehen sind die Formeln, welche hier mitgeteilt sind und zur äusserst raschen Berechnung dienen. (S. Seite 1.)

Der doppelte Eingang wurde lediglich aufgenommen wegen der wichtigen Anwendung zur Auflösung numerischer Gleichungen mit drei oder mehr Gliedern nach der von mir („Tafeln zur Berechnung der reellen Wurzeln sämtlicher trinomischen Gleichungen". Leipzig 1897) erweiterten Gaussischen Methode.

Neu berechnet wurden nur diejenigen Werte von B, welche in den Wittstein'schen Tafeln als siebente Decimale 5 oder 0 haben. Die Richtigkeit der übrigen Werte wurde durch die Wittstein'schen und Zech'schen Tabellen geprüft. Auch an dieser Stelle spreche ich meinem Assistenten, Herrn Victor Bondi aus Wien, den besten Dank aus für die mühsamen Rechnungen, die er nach meinen Angaben und unter meiner Revision für mich veranstaltet hat.

Für $A < 0{,}06$ benützte ich Gleichung 1 Seite 1; für $A > 0{,}06$ wurde zu $A = \log N$ die Zahl N gesucht; dann war $\log (N + 1) = B$. In den Fällen, wo diese Methode keine Entscheidung gab, legte ich folgende Berechnung zu Grunde:

Es sei B_0 der bei Wittstein gegebene Wert von B zu einem bestimmten A, H der nötige Zuwachs, positiv oder negativ, je nachdem B_0 zu klein oder zu gross ist. Dann folgt aus

$$10^{B_0+H} = 1 + 10^{A},\quad 10^{H} = 10^{-B_0} + 10^{A-B_0},\quad 10^{H} = 10^{-B_0} + 10^{-(B_0-A)};\ \text{für } H = \log x$$

$$x = \text{num}\log(-B_0) + \text{num}\log[-(B_0 - A)].$$

Ist $H > 0$, so ist die rechte Seite der letzten Gleichung ein unechter Bruch; ist $H < 0$, so ist die rechte Seite der letzten Gleichung ein echter Bruch.

Die Logarithmen der Zahlen bis 10000 (Seite 12—29) genügen, um auf Grund eines von mir gegebenen Prinzipes (vgl. Gundelfinger und Nell, „Tafeln zur Berechnung neunstelliger Logarithmen". Darmstadt 1891, A. Bergsträsser) die gemeinen Logarithmen auf sieben Stellen zu berechnen.

Darmstadt, 6. Januar 1900.

Dr. Gundelfinger.

Inhalt.

Beispiele zur Berechnung Gaussischer Logarithmen.

1. Gegeben $A = 7{,}034625$ — Formeln: Ia

$$\begin{array}{r} \log M = 9{,}6377843 - 10 \\ A = 7{,}034625 \\ \hline \log B = 0{,}6724093 - 4 \end{array} \qquad B = 0{,}0004703;$$

2. Gegeben $A = 7{,}903421$ — Formeln: Ib

$$\begin{array}{r} \log M = 9{,}6377843 - 10 \\ A = 7{,}903421 \\ \hline \log B' = 0{,}5412053 - 3 \end{array} \qquad \begin{array}{r} B' = 0{,}003477 \\ k = 14 \\ \hline B = 0{,}003463 \end{array};$$

3. Gegeben $A = 2{,}986301$ — Formeln: IIIa

$$\begin{array}{r} \log M = 9{,}6377843 - 10 \\ A = 2{,}986301 \\ \hline \log (B - A) = 0{,}6514833 - 4 \end{array} \qquad \begin{array}{r} B - A = 0{,}0004482 \\ A = 2{,}986301 \\ \hline B = 2{,}986749 \end{array};$$

4. Gegeben $A = 9{,}374652$

$$\begin{array}{r} \text{Seite 4:}\ \ 0{,}092226 \\ 125 \\ \hline B = 0{,}092351 \end{array} \qquad \begin{array}{l} \varDelta = 192 \\ \hline \log (192 \,.\, 0{,}652) \\ 2{,}2833 \quad : \ \text{Seite 30} \\ 0{,}8142 - 1: \quad „ \ 31 \\ \hline 2{,}0975 \end{array}$$

$$\text{Seite 7:} \quad \begin{array}{r} A = 9{,}374652 - 10 \\ B - A = 0{,}717699 \\ \hline B = 0{,}092351 \end{array} \qquad \begin{array}{l} \text{num.}\log (808 \,.\, 0{,}652) = 52\underline{7} \\ B - A = 0{,}718226 - 0{,}00052\underline{7} \end{array}$$

5. Gegeben $B = 0{,}002046$ — Formeln: IIa

$$\begin{array}{r} \log \dfrac{1}{M} = 0{,}3622157 \\ \log B = 0{,}3109056 - 3 \\ \dfrac{B}{2} = 0{,}001023 \\ \hline A = 7{,}6741443 - 10 \end{array};$$

6. Gegeben $B = 0{,}003547$ — Formeln: IIb

$$\begin{array}{r} \log \dfrac{1}{M} = 0{,}3622157 \\ \log B = 0{,}5498612 - 3 \\ \dfrac{B}{2} = 0{,}0017735 \\ \hline A' = 7{,}9138504 - 10 \\ k = 2 \\ \hline A = 7{,}9138524 - 10 \end{array};$$

7. Gegeben $B = 2{,}897647$ — Formeln: IVa

$$\begin{array}{r} \log M = 9{,}6377843 - 10 \\ B = 2{,}897647 \\ \hline \log (B - A) = 0{,}7401373 - 4 \end{array} \qquad \begin{array}{r} B - A = 0{,}0005497 \\ B = 2{,}897647 \\ \hline A = 2{,}8970973 \end{array}$$

8. Gegeben $B = 0{,}029364$

$$\begin{array}{r} \text{Seite 3:}\ \ 8{,}844 \\ 80 \\ \hline A = 8{,}84480 \end{array} \qquad \frac{\varDelta = 65}{\varDelta' = 52}; \quad \frac{52}{65} = 0{,}80$$

vgl. dasselbe Beispiel S. 10.

9. Gegeben $B = 0{,}153265$ — Seite 5: $A = 9{,}626542$ — num. log $(161 : 297) = 0{,}542$.

Erläuterungen.

Wenn A den Logarithmus einer Zahl bedeutet, so ist B der Logarithmus einer um 1 grösseren Zahl; oder wenn B der Logarithmus irgend einer Zahl ist, so ist A der Logarithmus einer um 1 kleineren Zahl. Analytisch: $10^B = 1 + 10^A$ oder $10^{B-A} = 10^{-A} + 1$.

Zur Berechnung von B bei gegebenem A oder von A bei gegebenem B hat man:

$$1.\ \ldots\ B = \log 2 + \frac{A}{2} + \frac{A^2}{8\,M} - \frac{A^4}{192\,M^3} + \frac{A^6}{45 \cdot 2^6 M^5} - \ldots \qquad |A| < \pi M.$$

$$2.\ \ldots\ A = \log \frac{1}{M} + \log B + \frac{B}{2} + \frac{B^2}{24\,M} - \frac{B^4}{2880\,M^3} + \ldots \qquad B < 2\pi M.$$

3. $M = \log e = 0{,}4342944819$; $\log M = 9{,}6377843113$; $\log \frac{1}{M} = 0{,}3622156887$.

Die Gleichungen 1. und 2. ergeben sich aus den bekannten Formeln für reelle oder komplexe z:

$$\log \cos z = -2\,(2^2-1) \cdot \frac{B_1}{1} \cdot \frac{z^2}{1 \cdot 2} - \ldots \quad - 2^{2n-1}\,(2^{2n}-1)\,\frac{B_n}{n} \cdot \frac{z^{2n}}{1 \cdot 2 \ldots 2n} - \ldots$$

$$\log \frac{\sin z}{z} = -2 \cdot \frac{B_1}{1} \cdot \frac{z^2}{1 \cdot 2} - \ldots \quad - 2^{2n-1}\,\frac{B_n}{n} \cdot \frac{z^{2n}}{1 \cdot 2 \ldots 2n} - \ldots$$

durch die Substitutionen $z = \frac{iA}{2M}$, resp. $z = \frac{iB}{2M}$. Dabei sind $B_1 \ldots B_n \ldots$ die bekannten Bernoulli'schen Zahlen.

Formeln.

I. Gegeben $A < 8{,}00 - 10$; gesucht B.

a) $A < 7{,}181\,32\underline{8}$; $\log B = \log M + A$ (cfr. Gleichungen 3).
$B = \text{num} \log (\log M + A)$ auf 6 Stellen genau.

b) $A > 7{,}181\,32\underline{8}$; $B = \text{num} \log (\log M + A) - k = B' - k$.

Grösse der Korrektion k in Einheiten der 6. Decimale, wenn A zwischen den nachstehenden Grenzen liegt.

A	k	A	k	A	k	A	k
7,181 32$\underline{8}$	1	7,721 462	7	7,872 29$\underline{5}$	13	7,960 585	19
7,331 93$\underline{4}$	2	7,754 99$\underline{7}$	8	7,889 720	14	7,972 362	20
7,394 45$\underline{2}$	3	7,784 050	9	7,905 85$\underline{6}$	15	7,983 536	21
7,570 72$\underline{3}$	4	7,809 680	10	7,920 878	16	7,994 16$\underline{6}$	22
7,633 27$\underline{6}$	5	7,832 61$\underline{0}$	11	7,934 93$\underline{3}$	17	8,00	
7,681 80$\underline{5}$	6	7,853 354	12	7,948 13$\underline{6}$	18		
7,721 46$\underline{2}$		7,872 29$\underline{5}$		7,960 585			

II. Gegeben $B < 0{,}004\,321$; gesucht A.

a) $B < 0{,}002\,28\underline{3}$; $A = \log \frac{1}{M} + \log B + \frac{B}{2}$ auf mindestens 6 Stellen genau.

b) $B > 0{,}002\,28\underline{3}$; $A = \log \frac{1}{M} + \log B + \frac{B}{2} + k = A' + k$.

B	k	
0,002 28$\underline{3}$	1	Einheiten der 6. Decimale.
0,003 22$\underline{8}$	2	
0,004 321		

III. Gegeben $A > 2{,}00$; gesucht B.

a) $A > 2{,}818\,672$; $\log (B - A) = \log M - A$
$B = \text{num} \log (\log M - A) + A$

b) $A < 2{,}818\,672$;
$B = \text{num} \log (\log M - A) + A - k$.

IV. Gegeben $B > 2{,}004\,321$; gesucht A.

a) $B > 2{,}818\,672$;
$A = B - \text{num} \log (\log M - B)$

b) $B < 2{,}818\,672$;
$A = B - \text{num} \log (\log M - B) - k$.

Korrektionen k zu III u. IV.

A, resp. B	k	A, resp. B	k
2,818 672	1	2,146 64$\underline{6}$	12
2,668 066	2	2,127 705	13
2,605 548	3	2,110 28$\underline{0}$	14
2,429 277	4	2,094 144	15
2,366 724	5	2,079 12$\underline{2}$	16
2,318 195	6	2,065 067	17
2,278 53$\underline{8}$	7	2,051 864	18
2,245 003	8	2,039 41$\underline{5}$	19
2,215 95$\underline{0}$	9	2,027 63$\underline{8}$	20
2,190 32$\underline{0}$	10	2,016 46$\underline{4}$	21
2,167 390	11	2,005 834	22
2,146 64$\underline{6}$		2,00	

$\log a - \log b = B;\ a > b:\ \log(a - b) = \log b + A$

$\log a - \log b = A;\ b > a:\ \log(a + b) = \log b + B$

A<0	B	0	1	2	3	4	5	6	7	8	9	10		Δ
8,00	0,004	321	331	341	351	361	371	381	391	401	411	422	1,99	10—11
8,01		422	432	442	452	462	472	483	493	503	514	524	1,98	10—11
8,02		524	534	545	555	566	576	587	597	608	618	629	1,97	10—11
8,03		629	639	650	661	671	682	693	704	714	725	736	1,96	10—11
8,04		736	747	758	769	780	791	802	813	824	835	846	1,95	11
8,05		846	857	868	879	890	902	913	924	935	947	958	1,94	11—12
8,06		958	969	981	992	*004	*015	*027	*038	*050	*061	*073	1,93	11—12
8,07	0,005	073	084	096	108	119	131	143	155	167	178	190	1,92	11—12
8,08		190	202	214	226	238	250	262	274	286	298	310	1,91	12
8,09		310	323	335	347	359	372	384	396	409	421	433	1,90	12—13
8,10		433	446	458	471	483	496	508	521	534	546	559	1,89	12—13
8,11		559	572	585	597	610	623	636	649	662	675	688	1,88	12—13
8,12		688	701	714	727	740	753	766	780	793	806	819	1,87	13—14
8,13		819	833	846	859	873	886	900	913	927	940	954	1,86	13—14
8,14		954	968	981	995	*009	*022	*036	*050	*064	*078	*092	1,85	13—14
8,15	0,006	092	106	120	134	148	162	176	190	204	218	233	1,84	14—15
8,16		233	247	261	275	290	304	319	333	348	362	377	1,83	14—15
8,17		377	391	406	421	435	450	465	479	494	509	524	1,82	14—15
8,18		524	539	554	569	584	599	614	629	644	660	675	1,81	15—16
8,19		675	690	705	721	736	752	767	782	798	814	829	1,80	15—16
8,20		829	845	860	876	892	908	923	939	955	971	987	1,79	15—16
8,21		987	*003	*019	*035	*051	*067	*083	*100	*116	*132	*148	1,78	16—17
8,22	0,007	148	165	181	197	214	230	247	264	280	297	313	1,77	16—17
8,23		313	330	347	364	381	397	414	431	448	465	482	1,76	16—17
8,24		482	499	517	534	551	568	586	603	620	638	655	1,75	17—18
8,25		655	673	690	708	725	743	761	778	796	814	832	1,74	17—18
8,26		832	850	868	886	904	922	940	958	976	994	*013	1,73	18—19
8,27	0,008	013	031	049	068	086	104	123	142	160	179	197	1,72	18—19
8,28		197	216	235	254	273	291	310	329	348	367	387	1,71	18—20
8,29		387	406	425	444	463	483	502	522	541	560	580	1,70	19—20
8,30		580	600	619	639	659	678	698	718	738	758	778	1,69	19—20
8,31		778	798	818	838	858	878	899	919	939	960	980	1,68	20—21
8,32		980	*001	*021	*042	*062	*083	*104	*125	*145	*166	*187	1,67	20—21
8,33	0,009	187	208	229	250	271	292	314	335	356	378	399	1,66	21—22
8,34		399	420	442	463	485	507	528	550	572	594	615	1,65	21—22
8,35		615	637	659	681	703	726	748	770	792	814	837	1,64	22—23
8,36		837	859	882	904	927	949	972	995	*018	*040	*063	1,63	22—23
8,37	0,010	063	086	109	132	155	179	202	225	248	272	295	1,62	23—24
8,38		295	318	342	366	389	413	437	460	484	508	532	1,61	23—24
8,39		532	556	580	604	628	652	677	701	725	750	774	1,60	24—25
8,40		774	799	823	848	873	897	922	947	972	997	*022	1,59	24—25
8,41	0,011	022	047	072	097	123	148	173	199	224	250	275	1,58	25—26
8,42		275	301	327	353	378	404	430	456	482	508	535	1,57	25—27
8,43		535	561	587	614	640	666	693	720	746	773	800	1,56	26—27
8,44		800	827	853	880	907	934	962	989	*016	*043	*071	1,55	26—28
8,45	0,012	071	098	126	153	181	209	236	264	292	320	348	1,54	27—28
8,46		348	376	404	432	461	489	517	546	574	603	631	1,53	28—29
8,47		631	660	689	718	747	776	805	834	863	892	921	1,52	29
8,48		921	951	980	*010	*039	*069	*098	*128	*158	*188	*218	1,51	29—30
8,49	0,013	218	248	278	308	338	369	399	429	460	490	521	1,50	30—31
8,50		521	552	582	613	644	675	706	737	768	800	831	1,49	30—32
		10	9	8	7	6	5	4	3	2	1	0 B−A	A>0	Δ

log a − log b = B; a > b: log (a − b) = log b + A

log a − log b = A; b > a: log (a + b) = log b + B

A < 0	B	0	1	2	3	4	5	6	7	8	9	10		Δ
8,50	0,013	521	552	582	613	644	675	706	737	768	800	831	1,49	30—32
8,51		831	862	894	925	957	989	*020	*052	*084	*116	*148	1,48	31—32
8,52	0,014	148	180	212	244	277	309	341	374	407	439	472	1,47	32—33
8,53		472	505	538	571	604	637	670	703	737	770	803	1,46	33—34
8,54		803	837	871	904	938	972	*006	*040	*074	*108	*142	1,45	33—34
8,55	0,015	142	177	211	245	280	315	349	384	419	454	489	1,44	34—35
8,56		489	524	559	594	630	665	700	736	772	807	843	1,43	35—36
8,57		843	879	915	951	987	*023	*059	*096	*132	*169	*205	1,42	36—37
8,58	0,016	205	242	279	316	352	389	427	464	501	538	576	1,41	36—38
8,59		576	613	651	688	726	764	802	840	878	916	954	1,40	37—38
8,60		954	993	*031	*070	*108	*147	*186	*224	*263	*302	*341	1,39	38—39
8,61	0,017	341	381	420	459	499	538	578	618	657	697	737	1,38	39—40
8,62		737	777	817	858	898	938	979	*020	*060	*101	*142	1,37	40—41
8,63	0,018	142	183	224	265	306	348	389	430	472	514	556	1,36	41—42
8,64		556	597	639	681	724	766	808	851	893	936	978	1,35	41—43
8,65		978	*021	*064	*107	*150	*193	*237	*280	*324	*367	*411	1,34	43—44
8,66	0,019	411	455	498	542	586	631	675	719	764	808	853	1,33	43—45
8,67		853	897	942	987	*032	*077	*123	*168	*213	*259	*305	1,32	44—46
8,68	0,020	305	350	396	442	488	534	580	627	673	720	766	1,31	45—47
8,69		766	813	860	907	954	*001	*048	*096	*143	*191	*238	1,30	47—48
8,70	0,021	238	286	334	382	430	478	527	575	624	672	721	1,29	48—49
8,71		721	770	819	868	917	966	*016	*065	*115	*164	*214	1,28	49—50
8,72	0,022	214	264	314	364	414	465	515	566	617	667	718	1,27	50—51
8,73		718	769	820	872	923	975	*026	*078	*130	*182	*234	1,26	51—52
8,74	0,023	234	286	338	390	443	495	548	601	654	707	760	1,25	52—53
8,75		760	813	867	920	974	*028	*082	*136	*190	*244	*298	1,24	53—54
8,76	0,024	298	353	408	462	517	572	627	682	738	793	849	1,23	54—56
8,77		849	904	960	*016	*072	*128	*184	*241	*297	*354	*411	1,22	55—57
8,78	0,025	411	468	525	582	639	696	754	812	869	927	985	1,21	57—58
8,79		985	*043	*102	*160	*219	*277	*336	*395	*454	*513	*572	1,20	58—59
8,80	0,026	572	632	691	751	811	871	931	991	*051	*112	*172	1,19	59—61
8,81	0,027	172	233	294	355	416	477	539	600	662	724	785	1,18	61—62
8,82		785	847	910	972	*034	*097	*160	*223	*286	*349	*412	1,17	62—63
8,83	0,028	412	475	539	603	666	730	794	859	923	987	*052	1,16	63—65
8,84	0,029	052	117	182	247	312	377	443	508	574	640	706	1,15	65—66
8,85		706	772	839	905	972	*039	*105	*172	*240	*307	*374	1,14	66—68
8,86	0,030	374	442	510	578	646	714	782	851	920	988	*057	1,13	68—69
8,87	0,031	057	126	196	265	334	404	474	544	614	684	755	1,12	69—71
8,88		755	825	896	967	*038	*109	*181	*252	*324	*396	*468	1,11	70—72
8,89	0,032	468	540	612	684	757	830	903	976	*049	*122	*196	1,10	72—74
8,90	0,033	196	269	343	417	491	566	640	715	789	864	939	1,09	73—75
8,91		939	*015	*090	*166	*241	*317	*393	*470	*546	*622	*699	1,08	75—77
8,92	0,034	699	776	853	930	*008	*085	*163	*241	*319	*397	*475	1,07	77—78
8,93	0,035	475	554	632	711	790	870	949	*028	*108	*188	*268	1,06	78—80
8,94	0,036	268	348	429	509	590	671	752	833	914	996	*078	1,05	80—82
8,95	0,037	078	160	242	324	406	489	572	655	738	821	905	1,04	82—84
8,96		905	988	*072	*156	*241	*325	*409	*494	*579	*664	*749	1,03	83—85
8,97	0,038	749	835	921	*006	*092	*178	*265	*351	*438	*525	*612	1,02	85—87
8,98	0,039	612	699	787	874	962	*050	*138	*227	*315	*404	*493	1,01	87—89
8,99	0,040	493	582	671	761	851	941	*031	*121	*211	*302	*393	1,00	89—91
9,00	0,041	393	484	575	666	758	850	942	*034	*126	*219	*311	0,99	91—93
		10	9	8	7	6	5	4	3	2	1	0 B−A	A > 0	Δ

log a − log b = B; a > b : log (a − b) = log b + A
log a − log b = A; b > a : log (a + b) = log b + B

A < 0	B	0	1	2	3	4	5	6	7	8	9	10		Δ
9,00	0,04	1 393	1 484	1 575	1 666	1 758	1 850	1 942	2 034	2 126	2 219	2 311	0,99	91—93
9,01		2 311	2 404	2 497	2 591	2 684	2 778	2 872	2 966	3 060	3 155	3 249	0,98	93—95
9,02		3 249	3 344	3 439	3 535	3 630	3 726	3 822	3 918	4 014	4 111	4 207	0,97	95—97
9,03		4 207	4 304	4 401	4 498	4 596	4 694	4 792	4 890	4 988	5 086	5 185	0,96	97—99
9,04		5 185	5 284	5 383	5 483	5 582	5 682	5 782	5 882	5 982	6 083	6 184	0,95	99—101
9,05		6 184	6 285	6 386	6 487	6 589	6 691	6 793	6 895	6 997	7 100	7 203	0,94	101—103
9,06		7 203	7 306	7 409	7 513	7 617	7 721	7 825	7 929	8 034	8 139	8 244	0,93	103—105
9,07		8 244	8 349	8 454	8 560	8 666	8 772	8 878	8 985	9 092	9 199	9 306	0,92	105—107
9,08		9 306	9 413	9 521	9 629	9 737	9 845	9 954	*0 063	*0 172	*0 281	*0 390	0,91	107—109
9,09	0,05	0 390	0 500	0 610	0 720	0 830	0 941	1 052	1 163	1 274	1 385	1 497	0,90	110—112
9,10		1 497	1 609	1 721	1 833	1 946	2 059	2 172	2 285	2 399	2 513	2 627	0,89	112—114
9,11		2 627	2 741	2 855	2 970	3 085	3 200	3 316	3 431	3 547	3 663	3 780	0,88	114—117
9,12		3 780	3 896	4 013	4 130	4 247	4 365	4 483	4 601	4 719	4 837	4 956	0,87	116—119
9,13		4 956	5 075	5 194	5 314	5 434	5 554	5 674	5 794	5 915	6 036	6 157	0,86	119—121
9,14		6 157	6 278	6 400	6 522	6 644	6 766	6 889	7 012	7 135	7 259	7 382	0,85	121—124
9,15		7 382	7 506	7 630	7 755	7 879	8 004	8 129	8 255	8 380	8 506	8 632	0,84	124—126
9,16		8 632	8 759	8 886	9 012	9 140	9 267	9 395	9 523	9 651	9 779	9 908	0,83	126—129
9,17		9 908	*0 037	*0 166	*0 296	*0 426	*0 556	*0 686	*0 816	*0 947	*1 078	*1 210	0,82	129—132
9,18	0,06	1 210	1 341	1 473	1 605	1 738	1 870	2 003	2 136	2 270	2 404	2 537	0,81	131—134
9,19		2 537	2 672	2 806	2 941	3 076	3 211	3 347	3 483	3 619	3 755	3 892	0,80	134—137
9,20		3 892	4 029	4 166	4 304	4 441	4 579	4 718	4 856	4 995	5 134	5 274	0,79	137—140
9,21		5 274	5 413	5 553	5 694	5 834	5 975	6 116	6 257	6 399	6 541	6 683	0,78	139—142
9,22		6 683	6 826	6 968	7 111	7 255	7 398	7 542	7 686	7 831	7 976	8 121	0,77	142—145
9 23		8 121	8 266	8 412	8 557	8 704	8 850	8 997	9 144	9 291	9 439	9 587	0,76	145—148
9,24		9 587	9 735	9 883	*0 032	*0 181	*0 331	*0 480	*0 630	*0 780	*0 931	*1 082	0,75	148—151
9,25	0,07	1 082	1 233	1 384	1 536	1 688	1 840	1 993	2 146	2 299	2 453	2 606	0,74	151—154
9,26		2 606	2 761	2 915	3 070	3 225	3 380	3 536	3 692	3 848	4 004	4 161	0,73	154—157
9,27		4 161	4 318	4 476	4 633	4 791	4 950	5 108	5 267	5 427	5 586	5 746	0,72	157—160
9,28		5 746	5 906	6 067	6 228	6 389	6 550	6 712	6 874	7 037	7 199	7 362	0,71	160—163
9,29		7 362	7 526	7 689	7 853	8 017	8 182	8 347	8 512	8 678	8 844	9 010	0,70	163—166
9,30		9 010	9 176	9 343	9 510	9 678	9 845	*0 014	*0 182	*0 351	*0 520	*0 689	0,69	166—169
9.31	0,08	0 689	0 859	1 029	1 199	1 370	1 541	1 712	1 884	2 056	2 228	2 401	0,68	170—173
9,32		2 401	2 574	2 747	2 921	3 095	3 269	3 444	3 619	3 794	3 970	4 146	0,67	173—176
9,33		4 146	4 322	4 499	4 676	4 853	5 031	5 209	5 387	5 566	5 745	5 924	0,66	176—179
9,34		5 924	6 104	6 284	6 464	6 645	6 826	7 007	7 189	7 371	7 553	7 736	0,65	180—183
9,35		7 736	7 919	8 103	8 286	8 470	8 655	8 840	9 025	9 210	9 396	9 583	0,64	183—187
9,36		9 583	9 769	9 956	*0 143	*0 331	*0 519	*0 707	*0 896	*1 085	*1 274	*1 464	0,63	186—190
9,37	0,09	1 464	1 654	1 844	2 035	2 226	2 418	2 610	2 802	2 995	3 188	3 381	0,62	190—193
9,38		3 381	3 574	3 768	3 963	4 158	4 353	4 548	4 744	4 940	5 137	5 334	0,61	193—197
9,39		5 334	5 531	5 728	5 926	6 125	6 324	6 523	6 722	6 922	7 122	7 323	0,60	197—201
9,40		7 323	7 524	7 725	7 927	8 129	8 331	8 534	8 737	8 941	9 145	9 349	0,59	201—204
9,41		9 349	9 554	9 759	9 964	*0 170	*0 376	*0 583	*0 790	*0 997	*1 205	*1 413	0,58	205—208
9,42	0,10	1 413	1 621	1 830	2 039	2 249	2 459	2 669	2 880	3 091	3 302	3 514	0,57	208—212
9,43		3 514	3 726	3 939	4 152	4 366	4 579	4 794	5 008	5 223	5 438	5 654	0,56	212—216
9,44		5 654	5 870	6 087	6 304	6 521	6 739	6 957	7 175	7 394	7 614	7 833	0,55	216—220
9,45		7 833	8 053	8 274	8 495	8 716	8 938	9 160	9 382	9 605	9 828	*0 052	0,54	220—224
9,46	0,11	0 052	0 276	0 500	0 725	0 950	1 176	1 402	1 629	1 855	2 083	2 310	0,53	224—228
9,47		2 310	2 538	2 767	2 996	3 225	3 455	3 685	3 915	4 146	4 378	4 609	0,52	228—232
9,48		4 609	4 842	5 074	5 307	5 540	5 774	6 008	6 243	6 478	6 714	6 949	0,51	232—236
9,49		6 949	7 186	7 422	7 660	7 897	8 135	8 373	8 612	8 851	9 091	9 331	0,50	236—240
9.50		9 331	9 572	9 812	*0 054	*0 295	*0 538	*0 780	*1 023	*1 267	*1 510	*1 755	0,49	240—245
		10	9	8	7	6	5	4	3	2	1	0 B − A	A > 0	Δ

$\log a - \log b = B;\ a > b:\ \log (a - b) = \log b + A$

$\log a - \log b = A;\ b > a:\ \log (a + b) = \log b + B$

A < 0	B	0	1	2	3	4	5	6	7	8	9	10		Δ
9,50	0,11	9 331	9 572	9 812	*0 054	*0 295	*0 538	*0 780	*1 023	*1 267	*1 510	*1 755	0,49	240—245
9,51	0,12	1 755	1 999	2 244	2 490	2 736	2 982	3 229	3 476	3 724	3 972	4 221	0,48	244—249
9,52		4 221	4 470	4 719	4 969	5 219	5 470	5 721	5 973	6 225	6 477	6 730	0,47	249—253
9,53		6 730	6 983	7 237	7 491	7 746	8 001	8 256	8 512	8 769	9 025	9 283	0.46	253—258
9,54		9 283	9 540	9 799	*0 057	*0 316	*0 576	*0 835	*1 096	*1 357	*1 618	*1 879	0,45	257—261
9,55	0,13	1 879	2 142	2 404	2 667	2 931	3 195	3 459	3 724	3 989	4 255	4 521	0,44	262—266
9,56		4 521	4 787	5 054	5 322	5 590	5 858	6 127	6 396	6 666	6 936	7 207	0,43	266—271
9,57		7 207	7 478	7 750	8 022	8 294	8 567	8 841	9 114	9 389	9 663	9 939	0,42	271—276
9,58		9 939	*0 214	*0 491	*0 767	*1 044	*1 322	*1 600	*1 878	*2 157	*2 437	*2 716	0,41	275—280
9,59	0,14	2 716	2 997	3 277	3 559	3 840	4 123	4 405	4 688	4 972	5 256	5 540	0,40	280—284
9,60		5 540	5 825	6 111	6 397	6 683	6 970	7 257	7 545	7 833	8 122	8 411	0,39	285—289
9,61		8 411	8 701	8 991	9 282	9 573	9 865	*0 157	*0 449	*0 742	*1 036	*1 330	0,38	290—294
9,62	0,15	1 330	1 624	1 919	2 215	2 511	2 807	3 104	3 401	3 699	3 997	4 296	0,37	294—299
9,63		4 296	4 595	4 895	5 195	5 496	5 797	6 099	6 401	6 704	7 007	7 310	0,36	299—303
9,64		7 310	7 615	7 919	8 224	8 530	8 836	9 142	9 449	9 757	*0 065	*0 374	0,35	304—309
9,65	0,16	0 374	0 683	0 992	1 302	1 613	1 924	2 235	2 547	2 859	3 172	3 486	0,34	309—314
9,66		3 486	3 800	4 114	4 429	4 745	5 061	5 377	5 694	6 011	6 329	6 648	0,33	314—319
9,67		6 648	6 967	7 286	7 606	7 926	8 247	8 569	8 891	9 213	9 536	9 860	0,32	319—324
9,68		9 860	*0 183	*0 508	*0 833	*1 158	*1 484	*1 811	*2 138	*2 465	*2 793	*3 122	0,31	323—329
9,69	0,17	3 122	3 451	3 780	4 110	4 441	4 772	5 104	5 436	5 768	6 101	6 435	0,30	329—334
9,70		6 435	6 769	7 104	7 439	7 774	8 111	8 447	8 784	9 122	9 460	9 799	0,29	334—339
9,71		9 799	*0 138	*0 478	*0 818	*1 159	*1 501	*1 842	*2 185	*2 528	*2 871	*3 215	0,28	339—344
9,72	0,18	3 215	3 559	3 904	4 250	4 596	4 942	5 289	5 637	5 985	6 334	6 683	0,27	344—349
9,73		6 683	7 033	7 383	7 733	8 085	8 436	8 789	9 141	9 495	9 849	*0 203	0,26	350—354
9,74	0,19	0 203	0 558	0 913	1 269	1 626	1 983	2 340	2 699	3 057	3 416	3 776	0,25	355—360
9,75		3 776	4 136	4 497	4 858	5 220	5 582	5 945	6 308	6 672	7 037	7 402	0,24	360—365
9,76		7 402	7 767	8 133	8 500	8 867	9 235	9 603	9 972	*0 341	*0 711	*1 081	0,23	365—370
9,77	0,20	1 081	1 452	1 823	2 195	2 568	2 941	3 315	3 689	4 063	4 438	4 814	0,22	371—376
9,78		4 814	5 190	5 567	5 945	6 323	6 701	7 080	7 459	7 839	8 220	8 601	0,21	376—381
9,79		8 601	8 983	9 365	9 748	*0 131	*0 515	*0 900	*1 284	*1 670	*2 056	*2 443	0,20	382—387
9,80	0,21	2 443	2 830	3 217	3 606	3 994	4 384	4 774	5 164	5 555	5 947	6 339	0,19	387—392
9,81		6 339	6 731	7 124	7 518	7 912	8 307	8 703	9 098	9 495	9 892	*0 289	0,18	392—397
9,82	0,22	0 289	0 688	1 086	1 485	1 885	2 286	2 686	3 088	3 490	3 892	4 296	0,17	398—404
9,83		4 296	4 699	5 103	5 508	5 913	6 319	6 726	7 133	7 540	7 948	8 357	0,16	403—409
9,84		8 357	8 766	9 176	9 586	9 997	*0 409	*0 821	*1 233	*1 646	*2 060	*2 474	0,15	409—414
9,85	0,23	2 474	2 889	3 304	3 720	4 137	4 554	4 971	5 389	5 808	6 227	6 647	0,14	415—420
9,86		6 647	7 067	7 488	7 910	8 332	8 755	9 178	9 602	*0 026	*0 451	*0 876	0,13	420—425
9,87	0,24	0 876	1 302	1 729	2 156	2 584	3 012	3 441	3 870	4 300	4 730	5 162	0,12	426—432
9,88		5 162	5 593	6 025	6 458	6 891	7 325	7 760	8 195	8 630	9 067	9 503	0,11	431—437
9,89		9 503	9 941	*0 379	*0 817	*1 256	*1 696	*2 136	*2 576	*3 018	*3 459	*3 902	0,10	438—443
9,90	0,25	3 902	4 345	4 788	5 233	5 677	6 122	6 568	7 015	7 462	7 909	8 357	0,09	443—448
9,91		8 357	8 806	9 255	9 705	*0 155	*0 606	*1 058	*1 510	*1 962	*2 416	*2 869	0,08	449—454
9,92	0,26	2 869	3 324	3 779	4 234	4 690	5 147	5 604	6 062	6 520	6 979	7 439	0,07	455—460
9,93		7 439	7 899	8 360	8 821	9 283	9 745	*0 208	*0 671	*1 135	*1 600	*2 065	0,06	460—465
9,94	0,27	2 065	2 531	2 998	3 464	3 932	4 400	4 869	5 338	5 808	6 278	6 749	0,05	466—471
9,95		6 749	7 221	7 693	8 165	8 639	9 113	9 587	*0 062	*0 538	*1 014	*1 490	0,04	472—476
9,96	0,28	1 490	1 968	2 445	2 924	3 403	3 882	4 363	4 843	5 325	5 807	6 289	0,03	477—482
9,97		6 289	6 772	7 256	7 740	8 225	8 710	9 196	9 682	*0 169	*0 657	*1 145	0,02	483—488
9,98	0,29	1 145	1 634	2 123	2 613	3 104	3 595	4 086	4 579	5 071	5 565	6 059	0,01	489—494
9,99		6 059	6 553	7 048	7 544	8 040	8 537	9 035	9 533	*0 031	*0 530	*1 030	0,00	494—500
0,00	0,30	1 030	1 530	2 031	2 533	3 035	3 537	4 040	4 544	5 048	5 553	6 059	9,99	500—506
		10	9	8	7	6	5	4	3	2	1	0 B − A	A > 0	Δ

log a − log b = B; a > b : log (a − b) = log b + A
log a − log b = A; a > b : log (a + b) = log b + B

A > 0	B	0	1	2	3	4	5	6	7	8	9	10		Δ
0,00	0,30	1 030	1 530	2 031	2 533	3 035	3 537	4 040	4 544	5 048	5 553	6 059	9,99	500—506
0,01		6 059	6 565	7 071	7 579	8 086	8 595	9 104	9 613	*0 123	*0 634	*1 145	9,98	506—511
0,02	0,31	1 145	1 657	2 169	2 682	3 196	3 710	4 225	4 740	5 256	5 772	6 289	9,97	512—517
0,03		6 289	6 807	7 325	7 843	8 363	8 882	9 403	9 924	*0 445	*0 968	*1 490	9,96	518—523
0,04	0,32	1 490	2 014	2 538	3 062	3 587	4 113	4 639	5 165	5 693	6 221	6 749	9,95	524—528
0,05		6 749	7 278	7 808	8 338	8 869	9 400	9 932	*0 464	*0 998	*1 531	*2 065	9,94	529—534
0,06	0,33	2 065	2 600	3 135	3 671	4 208	4 745	5 283	5 821	6 360	6 899	7 439	9,93	535—540
0,07		7 439	7 979	8 520	9 062	9 604	*0 147	*0 690	*1 234	*1 779	*2 324	*2 869	9,92	540—545
0,08	0,34	2 869	3 416	3 962	4 510	5 058	5 606	6 155	6 705	7 255	7 806	8 357	9,91	546—551
0,09		8 357	8 909	9 462	*0 015	*0 568	*1 122	*1 677	*2 233	*2 788	*3 345	*3 902	9,90	552—557
0,10	0,35	3 902	4 459	5 018	5 576	6 136	6 696	7 256	7 817	8 379	8 941	9 503	9,89	557—562
0,11		9 503	*0 067	*0 630	*1 195	*1 760	*2 325	*2 891	*3 458	*4 025	*4 593	*5 162	9,88	563—569
0,12	0,36	5 162	5 730	6 300	6 870	7 441	8 012	8 584	9 156	9 729	*0 302	*0 876	9,87	568—574
0,13	0,37	0 876	1 451	2 026	2 602	3 178	3 755	4 332	4 910	5 488	6 067	6 647	9,86	575—580
0,14		6 647	7 227	7 808	8 389	8 971	9 554	*0 137	*0 720	*1 304	*1 889	*2 474	9,85	580—585
0,15	0,38	2 474	3 060	3 646	4 233	4 821	5 409	5 997	6 586	7 176	7 766	8 357	9,84	586—591
0,16		8 357	8 948	9 540	*0 133	*0 726	*1 319	*1 913	*2 508	*3 103	*3 699	*4 296	9,83	591—597
0,17	0,39	4 296	4 892	5 490	6 088	6 686	7 286	7 885	8 485	9 086	9 688	*0 289	9,82	596—602
0,18	0,40	0 289	0 892	1 495	2 098	2 703	3 307	3 912	4 518	5 124	5 731	6 339	9,81	603—608
0,19		6 339	6 947	7 555	8 164	8 774	9 384	9 994	*0 606	*1 217	*1 830	*2 443	9,80	608—613
0,20	0,41	2 443	3 056	3 670	4 284	4 900	5 515	6 131	6 748	7 365	7 983	8 601	9,79	613—618
0,21		8 601	9 220	9 839	*0 459	*1 080	*1 701	*2 323	*2 945	*3 567	*4 190	*4 814	9,78	619—624
0,22	0,42	4 814	5 438	6 063	6 689	7 315	7 941	8 568	9 195	9 823	*0 452	*1 081	9,77	624—629
0,23	0,43	1 081	1 711	2 341	2 972	3 603	4 235	4 867	5 500	6 133	6 767	7 402	9,76	630—635
0,24		7 402	8 037	8 672	9 308	9 945	*0 582	*1 220	*1 858	*2 497	*3 136	*3 776	9,75	635—640
0,25	0,44	3 776	4 416	5 057	5 699	6 340	6 983	7 626	8 269	8 913	9 558	*0 203	9,74	640—645
0,26	0,45	0 203	0 849	1 495	2 141	2 789	3 436	4 085	4 733	5 383	6 033	6 683	9,73	646—650
0,27		6 683	7 334	7 985	8 637	9 289	9 942	*0 596	*1 250	*1 904	*2 559	*3 215	9,72	651—656
0,28	0,46	3 215	3 871	4 528	5 185	5 842	6 501	7 159	7 818	8 478	9 138	9 799	9,71	656—661
0,29		9 799	*0 460	*1 122	*1 784	*2 447	*3 111	*3 774	*4 439	*5 104	*5 769	*6 435	9,70	661—666
0,30	0,47	6 435	7 101	7 768	8 436	9 104	9 772	*0 441	*1 110	*1 780	*2 451	*3 122	9,69	666—671
0,31	0,48	3 122	3 793	4 465	5 138	5 811	6 484	7 158	7 833	8 508	9 183	9 860	9,68	671—677
0,32		9 860	*0 536	*1 213	*1 891	*2 569	*3 247	*3 926	*4 606	*5 286	*5 967	*6 648	9,67	676—681
0,33	0,49	6 648	7 329	8 011	8 694	9 377	*0 061	*0 745	*1 429	*2 114	*2 800	*3 486	9,66	681—686
0,34	0,50	3 486	4 172	4 859	5 547	6 235	6 924	7 613	8 302	8 992	9 683	*0 374	9,65	686—691
0,35	0,51	0 374	1 065	1 757	2 449	3 142	3 836	4 530	5 224	5 919	6 615	7 310	9,64	691—696
0,36		7 310	8 007	8 704	9 401	*0 099	*0 797	*1 496	*2 195	*2 895	*3 595	*4 296	9,63	697—701
0,37	0,52	4 296	4 997	5 699	6 401	7 104	7 807	8 511	9 215	9 919	*0 624	*1 330	9,62	701—706
0,38	0,53	1 330	2 036	2 742	3 449	4 157	4 865	5 573	6 282	6 991	7 701	8 411	9,61	706—710
0,39		8 411	9 122	9 833	*0 545	*1 257	*1 970	*2 683	*3 397	*4 111	*4 825	*5 540	9,60	711—715
0,40	0,54	5 540	6 256	6 972	7 688	8 405	9 123	9 840	*0 559	*1 277	*1 997	*2 716	9,59	716—720
0,41	0,55	2 716	3 437	4 157	4 878	5 600	6 322	7 044	7 767	8 491	9 214	9 939	9,58	720—725
0,42		9 939	*0 663	*1 389	*2 114	*2 841	*3 567	*4 294	*5 022	*5 750	*6 478	*7 207	9,57	724—729
0,43	0,56	7 207	7 936	8 666	9 396	*0 127	*0 858	*1 590	*2 322	*3 054	*3 787	*4 521	9,56	729—734
0,44	0,57	4 521	5 255	5 989	6 724	7 459	8 195	8 931	9 667	*0 404	*1 142	*1 879	9,55	734—738
0,45	0,58	1 879	2 618	3 357	4 096	4 835	5 576	6 316	7 057	7 799	8 540	9 283	9,54	739—743
0,46		9 283	*0 025	*0 769	*1 512	*2 256	*3 001	*3 746	*4 491	*5 237	*5 983	*6 730	9,53	742—747
0,47	0,59	6 730	7 477	8 225	8 973	9 721	*0 470	*1 219	*1 969	*2 719	*3 470	*4 221	9,52	747—751
0,48	0,60	4 221	4 972	5 724	6 476	7 229	7 982	8 736	9 490	*0 244	*0 999	*1 755	9,51	751—756
0,49	0,61	1 755	2 510	3 267	4 023	4 780	5 538	6 295	7 054	7 812	8 572	9 331	9,50	755—760
0,50		9 331	*0 091	*0 851	*1 612	*2 373	*3 135	*3 897	*4 660	*5 422	*6 186	*6 949	9,49	760—764
		10	9	8	7	6	5	4	3	2	1	0 B − A	A < 0	Δ

log a − log b = B; a > b : log (a − b) = log b + A

log a − log b = A; a > b : log (a + b) = log b + B

A > 0	B	0	1	2	3	4	5	6	7	8	9	10		Δ
0,50	0,61	9 331	*0 091	*0 851	*1 612	*2 373	*3 135	*3 897	*4 660	*5 422	*6 186	*6 949	9,49	760—764
0,51	0,62	6 949	7 714	8 478	9 243	*0 008	*0 774	*1 540	*2 307	*3 074	*3 842	*4 609	9,48	764—768
0,52	0,63	4 609	5 378	6 146	6 915	7 685	8 455	9 225	9 996	*0 767	*1 538	*2 310	9,47	768—772
0,53	0,64	2 310	3 083	3 855	4 629	5 402	6 176	6 950	7 725	8 500	9 276	*0 052	9,46	772—776
0,54	0,65	0 052	0 828	1 605	2 382	3 160	3 938	4 716	5 495	6 274	7 053	7 833	9,45	776—780
0,55		7 833	8 614	9 394	*0 175	*0 957	*1 739	*2 521	*3 304	*4 087	*4 870	*5 654	9,44	780—784
0,56	0,66	5 654	6 438	7 223	8 008	8 794	9 579	*0 366	*1 152	*1 939	*2 726	*3 514	9,43	784—788
0,57	0,67	3 514	4 302	5 091	5 880	6 669	7 459	8 249	9 039	9 830	*0 621	*1 413	9,42	788—792
0,58	0,68	1 413	2 205	2 997	3 790	4 583	5 376	6 170	6 964	7 759	8 554	9 349	9,41	792—795
0,59		9 349	*0 145	*0 941	*1 737	*2 534	*3 331	*4 129	*4 927	*5 725	*6 524	*7 323	9,40	796—799
0,60	0,69	7 323	8 122	8 922	9 722	*0 523	*1 324	*2 125	*2 926	*3 728	*4 531	*5 334	9,39	799—803
0,61	0,70	5 334	6 137	6 940	7 744	8 548	9 353	*0 158	*0 963	*1 768	*2 574	*3 381	9,38	803—807
0,62	0,71	3 381	4 188	4 995	5 802	6 610	7 418	8 226	9 035	9 844	*0 654	*1 464	9,37	807—810
0,63	0,72	1 464	2 274	3 085	3 896	4 707	5 519	6 331	7 143	7 956	8 769	9 583	9,36	810—814
0,64		9 583	*0 396	*1 210	*2 025	*2 840	*3 655	*4 470	*5 286	*6 103	*6 919	*7 736	9,35	813—817
0,65	0,73	7 736	8 553	9 371	*0 189	*1 007	*1 826	*2 645	*3 464	*4 284	*5 104	*5 924	9,34	817—820
0,66	0,74	5 924	6 745	7 566	8 387	9 209	*0 031	*0 853	*1 676	*2 499	*3 322	*4 146	9,33	821—824
0,67	0,75	4 146	4 970	5 794	6 619	7 444	8 269	9 095	9 921	*0 747	*1 574	*2 401	9,32	824—827
0,68	0,76	2 401	3 228	4 056	4 884	5 712	6 541	7 370	8 199	9 029	9 859	*0 689	9,31	827—830
0,69	0,77	0 689	1 520	2 351	3 182	4 014	4 845	5 678	6 510	7 343	8 176	9 010	9,30	831—834
0,70		9 010	9 844	*0 678	*1 512	*2 347	*3 182	*4 017	*4 853	*5 689	*6 526	*7 362	9,29	834—837
0,71	0,78	7 362	8 199	9 037	9 874	*0 712	*1 550	*2 389	*3 228	*4 067	*4 906	*5 746	9,28	837—840
0,72	0,79	5 746	6 586	7 427	8 267	9 108	9 950	*0 791	*1 633	*2 476	*3 318	*4 161	9,27	840—843
0,73	0,80	4 161	5 004	5 848	6 692	7 536	8 380	9 225	*0 070	*0 915	*1 761	*2 606	9,26	843—846
0,74	0,81	2 606	3 453	4 299	5 146	5 993	6 840	7 688	8 536	9 384	*0 233	*1 082	9,25	846—849
0,75	0,82	1 082	1 931	2 780	3 630	4 480	5 331	6 181	7 032	7 883	8 735	9 587	9,24	849—852
0,76		9 587	*0 439	*1 291	*2 144	*2 997	*3 850	*4 704	*5 557	*6 412	*7 266	*8 121	9,23	852—855
0,77	0,83	8 121	8 976	9 831	*0 686	*1 542	*2 398	*3 255	*4 111	*4 968	*5 826	*6 683	9,22	855—858
0,78	0,84	6 683	7 541	8 399	9 257	*0 116	*0 975	*1 834	*2 694	*3 553	*4 413	*5 274	9,21	858—861
0,79	0,85	5 274	6 134	6 995	7 856	8 718	9 579	*0 441	*1 304	*2 166	*3 029	*3 892	9,20	860—863
0,80	0,86	3 892	4 755	5 619	6 483	7 347	8 211	9 076	9 941	*0 806	*1 672	*2 537	9,19	863—866
0,81	0,87	2 537	3 404	4 270	5 136	6 003	6 870	7 738	8 605	9 473	*0 341	*1 210	9,18	866—868
0,82	0,88	1 210	2 078	2 947	3 816	4 686	5 556	6 426	7 296	8 166	9 037	9 908	9,17	868—871
0,83		9 908	*0 779	*1 651	*2 523	*3 395	*4 267	*5 140	*6 012	*6 886	*7 759	*8 632	9,16	871—874
0,84	0,89	8 632	9 506	*0 380	*1 255	*2 129	*3 004	*3 879	*4 755	*5 630	*6 506	*7 382	9,15	874—876
0,85	0,90	7 382	8 259	9 135	*0 012	*0 889	*1 766	*2 644	*3 522	*4 400	*5 278	*6 157	9,14	876—879
0,86	0,91	6 157	7 036	7 915	8 794	9 674	*0 554	*1 434	*2 314	*3 194	*4 075	*4 956	9,13	879—881
0,87	0,92	4 956	5 837	6 719	7 601	8 483	9 365	*0 247	*1 130	*2 013	*2 896	*3 780	9,12	881—884
0,88	0,93	3 780	4 663	5 547	6 431	7 316	8 200	9 085	9 970	*0 855	*1 741	*2 627	9,11	883—886
0,89	0,94	2 627	3 513	4 399	5 285	6 172	7 059	7 946	8 833	9 721	*0 609	*1 497	9,10	886—888
0,90	0,95	1 497	2 385	3 274	4 163	5 052	5 941	6 830	7 720	8 610	9 500	*0 390	9,09	888—890
0,91	0,96	0 390	1 281	2 172	3 063	3 954	4 845	5 737	6 629	7 521	8 413	9 306	9,08	891—893
0,92		9 306	*0 199	*1 092	*1 985	*2 878	*3 772	*4 666	*5 560	*6 454	*7 349	*8 244	9,07	893—895
0,93	0,97	8 244	9 139	*0 034	*0 929	*1 825	*2 721	*3 617	*4 513	*5 409	*6 306	*7 203	9,06	895—897
0,94	0,98	7 203	8 100	8 997	9 895	*0 793	*1 691	*2 589	*3 487	*4 386	*5 285	*6 184	9,05	897—899
0,95	0,99	6 184	7 083	7 982	8 882	9 782	*0 682	*1 582	*2 483	*3 383	*4 284	*5 185	9,04	899—901
0,96	1,00	5 185	6 086	6 988	7 890	8 792	9 694	*0 596	*1 498	*2 401	*3 304	*4 207	9,03	901—903
0,97	1,01	4 207	5 111	6 014	6 918	7 822	8 726	9 630	*0 535	*1 439	*2 344	*3 249	9,02	903—905
0,98	1,02	3 249	4 155	5 060	5 966	6 872	7 778	8 684	9 591	*0 497	*1 404	*2 311	9,01	905—907
0,99	1,03	2 311	3 219	4 126	5 034	5 942	6 850	7 758	8 666	9 575	*0 484	*1 393	9,00	907—909
1,00	1,04	1 393	2 302	3 211	4 121	5 031	5 941	6 851	7 761	8 671	9 582	*0 493	8,99	909—911
		10	9	8	7	6	5	4	3	2	1	0 B − A	A < 0	Δ

log a − log b = B; a > b: log (a − b) = log b + A
log a − log b = A; a > b: log (a + b) = log b + B

A>0	B	0	1	2	3	4	5	6	7	8	9	10		Δ
1,00	1,04	1 393	2 302	3 211	4 121	5 031	5 941	6 851	7 761	8 671	9 582	*0 493	8,99	909—911
1,01	1,05	0 493	1 404	2 315	3 227	4 138	5 050	5 962	6 874	7 787	8 699	9 612	8,98	911—913
1,02		9 612	*0 525	*1 438	*2 351	*3 265	*4 178	*5 092	*6 006	*6 921	*7 835	*8 749	8,97	913—915
1,03	1,06	8 749	9 664	*0 579	*1 494	*2 409	*3 325	*4 241	*5 156	*6 072	*6 988	*7 905	8,96	915—917
1,04	1,07	7 905	8 821	9 738	*0 655	*1 572	*2 489	*3 406	*4 324	*5 242	*6 160	*7 078	8,95	916—918
1,05	1,08	7 078	7 996	8 914	9 833	*0 752	*1 671	*2 590	*3 509	*4 429	*5 348	*6 268	8,94	918—920
1,06	1,09	6 268	7 188	8 108	9 028	9 949	*0 870	*1 790	*2 711	*3 632	*4 554	*5 475	8,93	920—922
1,07	1,10	5 475	6 397	7 319	8 241	9 163	*0 085	*1 008	*1 930	*2 853	*3 776	*4 699	8,92	922—923
1,08	1,11	4 699	5 622	6 546	7 470	8 393	9 317	*0 241	*1 166	*2 090	*3 015	*3 939	8,91	923—925
1,09	1,12	3 939	4 864	5 789	6 715	7 640	8 566	9 491	*0 417	*1 343	*2 269	*3 196	8,90	925—927
1,10	1,13	3 196	4 122	5 049	5 976	6 903	7 830	8 757	9 684	*0 612	*1 540	*2 468	8,89	926—928
1,11	1,14	2 468	3 396	4 324	5 252	6 181	7 109	8 038	8 967	9 896	*0 825	*1 755	8,88	928—930
1,12	1,15	1 755	2 684	3 614	4 544	5 474	6 404	7 334	8 265	9 196	*0 126	*1 057	8,87	929—931
1,13	1,16	1 057	1 988	2 920	3 851	4 782	5 714	6 646	7 578	8 510	9 442	*0 374	8,86	931—932
1,14	1,17	0 374	1 307	2 240	3 172	4 105	5 039	5 972	6 905	7 839	8 772	9 706	8,85	932—934
1,15		9 706	*0 640	*1 574	*2 508	*3 443	*4 377	*5 312	*6 247	*7 182	*8 117	*9 052	8,84	934—935
1,16	1,18	9 052	9 987	*0 923	*1 859	*2 794	*3 730	*4 666	*5 603	*6 539	*7 475	*8 412	8,83	935—937
1,17	1,19	8 412	9 349	*0 286	*1 223	*2 160	*3 097	*4 034	*4 972	*5 910	*6 847	*7 785	8,82	937—938
1,18	1,20	7 785	8 724	9 662	*0 600	*1 539	*2 477	*3 416	*4 355	*5 294	*6 233	*7 172	8,81	938—939
1,19	1,21	7 172	8 112	9 051	9 991	*0 931	*1 871	*2 811	*3 751	*4 691	*5 632	*6 572	8,80	939—941
1,20	1,22	6 572	7 513	8 454	9 395	*0 336	*1 277	*2 219	*3 160	*4 102	*5 043	*5 985	8,79	941—942
1,21	1,23	5 985	6 927	7 869	8 812	9 754	*0 696	*1 639	*2 582	*3 525	*4 468	*5 411	8,78	942—943
1,22	1,24	5 411	6 354	7 297	8 241	9 184	*0 128	*1 072	*2 016	*2 960	*3 904	*4 849	8,77	943—945
1,23	1,25	4 849	5 793	6 738	7 682	8 627	9 572	*0 517	*1 462	*2 408	*3 353	*4 298	8,76	944—946
1,24	1,26	4 298	5 244	6 190	7 136	8 082	9 028	9 974	*0 920	*1 867	*2 813	*3 760	8,75	946—947
1,25	1,27	3 760	4 707	5 654	6 601	7 548	8 495	9 443	*0 390	*1 338	*2 286	*3 234	8,74	947—948
1,26	1,28	3 234	4 182	5 130	6 078	7 026	7 975	8 923	9 872	*0 820	*1 769	*2 718	8,73	948—949
1,27	1,29	2 718	3 667	4 617	5 566	6 515	7 465	8 414	9 364	*0 314	*1 264	*2 214	8,72	949—950
1,28	1,30	2 214	3 164	4 115	5 065	6 016	6 966	7 917	8 868	9 819	*0 770	*1 721	8,71	950—951
1,29	1,31	1 721	2 672	3 624	4 575	5 527	6 478	7 430	8 382	9 334	*0 286	*1 238	8,70	951—952
1,30	1,32	1 238	2 191	3 143	4 096	5 048	6 001	6 954	7 907	8 860	9 813	*0 766	8,69	952—953
1,31	1,33	0 766	1 720	2 673	3 627	4 580	5 534	6 488	7 442	8 396	9 350	*0 305	8,68	953—955
1,32	1,34	0 305	1 259	2 213	3 168	4 123	5 077	6 032	6 987	7 942	8 897	9 853	8,67	954—956
1,33		9 853	*0 808	*1 764	*2 719	*3 675	*4 631	*5 586	*6 542	*7 498	*8 455	*9 411	8,66	955—957
1,34	1,35	9 411	*0 367	*1 324	*2 280	*3 237	*4 193	*5 150	*6 107	*7 064	*8 021	*8 978	8,65	956—957
1,35	1,36	8 978	9 936	*0 893	*1 851	*2 808	*3 766	*4 724	*5 681	*6 639	*7 597	*8 556	8,64	957—959
1,36	1,37	8 556	9 514	*0 472	*1 430	*2 389	*3 348	*4 306	*5 265	*6 224	*7 183	*8 142	8,63	958—959
1,37	1,38	8 142	9 101	*0 060	*1 020	*1 979	*2 938	*3 898	*4 858	*5 817	*6 777	*7 737	8,62	959—960
1,38	1,39	7 737	8 697	9 657	*0 618	*1 578	*2 538	*3 499	*4 459	*5 420	*6 381	*7 341	8,61	960—961
1,39	1,40	7 341	8 302	9 263	*0 224	*1 186	*2 147	*3 108	*4 070	*5 031	*5 993	*6 954	8,60	961—962
1,40	1,41	6 954	7 916	8 878	9 840	*0 802	*1 764	*2 726	*3 688	*4 651	*5 613	*6 576	8,59	962—963
1,41	1,42	6 576	7 538	8 501	9 464	*0 427	*1 389	*2 352	*3 316	*4 279	*5 242	*6 205	8,58	962—964
1,42	1,43	6 205	7 169	8 132	9 096	*0 059	*1 023	*1 987	*2 951	*3 915	*4 879	*5 843	8,57	963—964
1,43	1,44	5 843	6 807	7 772	8 736	9 700	*0 665	*1 630	*2 594	*3 559	*4 524	*5 489	8,56	964—965
1,44	1,45	5 489	6 454	7 419	8 384	9 349	*0 315	*1 280	*2 245	*3 211	*4 177	*5 142	8,55	965—966
1,45	1,46	5 142	6 108	7 074	8 040	9 006	9 972	*0 938	*1 904	*2 871	*3 837	*4 803	8,54	966—967
1,46	1,47	4 803	5 770	6 737	7 703	8 670	9 637	*0 604	*1 571	*2 538	*3 505	*4 472	8,53	966—967
1,47	1,48	4 472	5 439	6 407	7 374	8 341	9 309	*0 277	*1 244	*2 212	*3 180	*4 148	8,52	967—968
1,48	1,49	4 148	5 116	6 084	7 052	8 020	8 989	9 957	*0 925	*1 894	*2 862	*3 831	8,51	968—969
1,49	1,50	3 831	4 800	5 768	6 737	7 706	8 675	9 644	*0 613	*1 582	*2 552	*3 521	8,50	968—970
1,50	1,51	3 521	4 490	5 460	6 429	7 399	8 369	9 338	*0 308	*1 278	*2 248	*3 218	8,49	969—970
		10	9	8	7	6	5	4	3	2	1	0 B−A	A<0	Δ

A>0	B	0	1	2	3	4	5	6	7	8	9	10		Δ
1,50	1,51	3 521	4 490	5 460	6 429	7 399	8 369	9 338	*0 308	*1 278	*2 248	*3 218	8,49	969—970
1,51	1,52	3 218	4 188	5 158	6 128	7 098	8 069	9 039	*0 010	*0 980	*1 951	*2 921	8,48	970—971
1,52	1,53	2 921	3 892	4 863	5 834	6 805	7 776	8 747	9 718	*0 689	*1 660	*2 631	8,47	971
1,53	1,54	2 631	3 603	4 574	5 546	6 517	7 489	8 461	9 432	*0 404	*1 376	*2 348	8,46	971—972
1,54	1,55	2 348	3 320	4 292	5 264	6 236	7 209	8 181	9 153	*0 126	*1 098	*2 071	8,45	972—973
1,55	1,56	2 071	3 043	4 016	4 989	5 962	6 934	7 907	8 880	9 853	*0 827	*1 800	8,44	972—974
1,56	1,57	1 800	2 773	3 746	4 720	5 693	6 666	7 640	8 614	9 587	*0 561	*1 535	8,43	973—974
1,57	1,58	1 535	2 508	3 482	4 456	5 430	6 404	7 378	8 353	9 327	*0 301	*1 275	8,42	973—975
1,58	1,59	1 275	2 250	3 224	4 199	5 173	6 148	7 123	8 097	9 072	*0 047	*1 022	8,41	974—975
1,59	1,60	1 022	1 997	2 972	3 947	4 922	5 897	6 873	7 848	8 823	9 799	*0 774	8,40	975—976
1,60	1,61	0 774	1 750	2 725	3 701	4 677	5 652	6 628	7 604	8 580	9 556	*0 532	8,39	975—976
1,61	1,62	0 532	1 508	2 484	3 460	4 437	5 413	6 389	7 366	8 342	9 318	*0 295	8,38	976—977
1,62	1,63	0 295	1 272	2 248	3 225	4 202	5 179	6 155	7 132	8 109	9 086	*0 063	8,37	976—977
1,63	1,64	0 063	1 040	2 018	2 995	3 972	4 949	5 927	6 904	7 882	8 859	9 837	8,36	977—978
1,64		9 837	*0 814	*1 792	*2 770	*3 748	*4 726	*5 703	*6 681	*7 659	*8 637	*9 615	8,35	977—978
1,65	1,65	9 615	*0 594	*1 572	*2 550	*3 528	*4 507	*5 485	*6 463	*7 442	*8 420	*9 399	8,34	978—979
1,66	1,66	9 399	*0 378	*1 356	*2 335	*3 314	*4 292	*5 271	*6 250	*7 229	*8 208	*9 187	8,33	978—979
1,67	1,67	9 187	*0 166	*1 145	*2 125	*3 104	*4 083	*5 062	*6 042	*7 021	*8 001	*8 980	8,32	979—980
1,68	1,68	8 980	9 960	*0 939	*1 919	*2 899	*3 878	*4 858	*5 838	*6 818	*7 798	*8 778	8,31	979—980
1,69	1,69	8 778	9 758	*0 738	*1 718	*2 698	*3 678	*4 659	*5 639	*6 619	*7 600	*8 580	8,30	980—981
1,70	1,70	8 580	9 560	*0 541	*1 522	*2 502	*3 483	*4 463	*5 444	*6 425	*7 406	*8 387	8,29	980—981
1,71	1,71	8 387	9 367	*0 348	*1 329	*2 310	*3 291	*4 273	*5 254	*6 235	*7 216	*8 197	8,28	980—982
1,72	1,72	8 197	9 179	*0 160	*1 142	*2 123	*3 104	*4 086	*5 068	*6 049	*7 031	*8 013	8,27	981—982
1,73	1,73	8 013	8 994	9 976	*0 958	*1 940	*2 922	*3 904	*4 886	*5 868	*6 850	*7 832	8,26	981—982
1,74	1,74	7 832	8 814	9 796	*0 778	*1 761	*2 743	*3 725	*4 708	*5 690	*6 673	*7 655	8,25	982—983
1,75	1,75	7 655	8 638	9 620	*0 603	*1 586	*2 568	*3 551	*4 534	*5 517	*6 499	*7 482	8,24	982—983
1,76	1,76	7 482	8 465	9 448	*0 431	*1 414	*2 397	*3 381	*4 364	*5 347	*6 330	*7 313	8,23	983—984
1,77	1,77	7 313	8 297	9 280	*0 264	*1 247	*2 230	*3 214	*4 197	*5 181	*6 165	*7 148	8,22	983—984
1,78	1,78	7 148	8 132	9 116	*0 100	*1 083	*2 067	*3 051	*4 035	*5 019	*6 003	*6 987	8,21	983—984
1,79	1,79	6 987	7 971	8 955	9 939	*0 923	*1 908	*2 892	*3 876	*4 860	*5 845	*6 829	8,20	984—985
1,80	1,80	6 829	7 814	8 798	9 782	*0 767	*1 752	*2 736	*3 721	*4 705	*5 690	*6 675	8,19	984—985
1,81	1,81	6 675	7 660	8 644	9 629	*0 614	*1 599	*2 584	*3 569	*4 554	*5 539	*6 524	8,18	984—985
1,82	1,82	6 524	7 509	8 494	9 479	*0 465	*1 450	*2 435	*3 421	*4 406	*5 391	*6 377	8,17	985—986
1,83	1,83	6 377	7 362	8 348	9 333	*0 319	*1 304	*2 290	*3 275	*4 261	*5 247	*6 233	8,16	985—986
1,84	1,84	6 233	7 218	8 204	9 190	*0 176	*1 162	*2 148	*3 134	*4 120	*5 106	*6 092	8,15	985—986
1,85	1,85	6 092	7 078	8 064	9 050	*0 036	*1 022	*2 009	*2 995	*3 981	*4 968	*5 954	8,14	986—987
1,86	1,86	5 954	6 940	7 927	8 913	9 900	*0 886	*1 873	*2 859	*3 846	*4 833	*5 819	8,13	986—987
1,87	1,87	5 819	6 806	7 793	8 780	9 766	*0 753	*1 740	*2 727	*3 714	*4 701	*5 688	8,12	986—987
1,88	1,88	5 688	6 675	7 662	8 649	9 636	*0 623	*1 610	*2 597	*3 585	*4 572	*5 559	8,11	987—988
1,89	1,89	5 559	6 546	7 534	8 521	9 508	*0 496	*1 483	*2 471	*3 458	*4 446	*5 433	8,10	987—988
1,90	1,90	5 433	6 421	7 409	8 396	9 384	*0 372	*1 359	*2 347	*3 335	*4 323	*5 310	8,09	987—988
1,91	1,91	5 310	6 298	7 286	8 274	9 262	*0 250	*1 238	*2 226	*3 214	*4 202	*5 190	8,08	988
1,92	1,92	5 190	6 178	7 167	8 155	9 143	*0 131	*1 119	*2 108	*3 096	*4 084	*5 073	8,07	988—989
1,93	1,93	5 073	6 061	7 050	8 038	9 027	*0 015	*1 004	*1 992	*2 981	*3 969	*4 958	8,06	988—989
1,94	1,94	4 958	5 947	6 935	7 924	8 913	9 902	*0 890	*1 879	*2 868	*3 857	*4 846	8,05	988—989
1,95	1,95	4 846	5 835	6 824	7 813	8 802	9 791	*0 780	*1 769	*2 758	*3 747	*4 736	8,04	989
1,96	1,96	4 736	5 725	6 714	7 704	8 693	9 682	*0 671	*1 661	*2 650	*3 639	*4 629	8,03	989—990
1,97	1,97	4 629	5 618	6 608	7 597	8 587	9 576	*0 566	*1 555	*2 545	*3 534	*4 524	8,02	989—990
1,98	1,98	4 524	5 514	6 503	7 493	8 483	9 472	*0 462	*1 452	*2 442	*3 432	*4 422	8,01	989—990
1,99	1,99	4 422	5 411	6 401	7 391	8 381	9 371	*0 361	*1 351	*2 341	*3 331	*4 321	8,00	989—990
2,00	2,00	4 321											7,99	
		10	9	8	7	6	5	4	3	2	1	0 B − A	A<0	Δ

Tabelle zur genaueren Berechnung von A bei gegebenem B, wenn B < 0,051047.

$$A = \log \frac{1}{M} + \log B + \frac{B}{2} + k; \quad k \text{ in Einheiten der 6. Decimale.}$$

B	k	B	k	B	k	B	k	B	k
0,002 283	1	0,022 829	51	0,032 285	101	0,039 541	151	0,045 658	201
3 228	2	0,023 056	52	446	102	672	152	772	202
4 566	3	281	53	606	103	803	153	885	203
5 592	4	504	54	765	104	934	154	999	204
6 457	5	724	55	924	105	0,040 064	155	0,046 112	205
7 219	6	943	56	0,033 082	106	194	156	225	206
7 908	7	0,024 160	57	239	107	324	157	337	207
8 542	8	374	58	396	108	453	158	450	208
9 132	9	587	59	551	109	581	159	562	209
9 685	10	798	60	706	110	710	160	674	210
0,010 209	11	0,025 008	61	861	111	837	161	785	211
708	12	215	62	0,034 014	112	965	162	896	212
0,011 184	13	421	63	167	113	0,041 092	163	0,047 007	213
640	14	625	64	319	114	218	164	118	214
0,012 080	15	828	65	471	115	345	165	229	215
504	16	0,026 029	66	622	116	471	166	339	216
914	17	228	67	772	117	596	167	449	217
0,013 311	18	426	68	921	118	721	168	558	218
697	19	623	69	0,035 070	119	846	169	668	219
0,014 073	20	818	70	219	120	970	170	777	220
438	21	0,027 011	71	366	121	0,042 094	171	886	221
795	22	204	72	513	122	218	172	995	222
0,015 143	23	395	73	660	123	341	173	0,048 103	223
483	24	584	74	806	124	464	174	211	224
816	25	772	75	951	125	587	175	319	225
0,016 142	26	959	76	0,036 095	126	709	176	427	226
462	27	0,028 145	77	239	127	831	177	535	227
776	28	330	78	383	128	952	178	642	228
0,017 083	29	513	79	526	129	0,043 073	179	749	229
386	30	695	80	668	130	194	180	856	230
683	31	876	81	810	131	315	181	962	231
975	32	0,029 056	82	952	132	435	182	0,049 069	232
0,018 263	33	235	83	0,037 092	133	555	183	175	233
546	34	413	84	233	134	674	184	281	234
825	35	589	85	372	135	793	185	386	235
0,019 100	36	765	86	512	136	912	186	492	236
371	37	940	87	650	137	0,044 031	187	597	237
638	38	0,030 113	88	788	138	149	188	702	238
902	39	286	89	926	139	267	189	807	239
0,020 162	40	457	90	0,038 063	140	384	190	911	240
419	41	628	91	200	141	501	191	0,050 015	241
672	42	798	92	336	142	618	192	119	242
923	43	966	93	472	143	735	193	223	243
0,021 171	44	0,031 134	94	607	144	851	194	327	244
415	45	301	95	742	145	967	195	430	245
657	46	467	96	876	146	0,045 083	196	534	246
897	47	632	97	0,039 010	147	199	197	637	247
0,022 133	48	797	98	143	148	314	198	740	248
368	49	960	99	276	149	429	199	842	249
599	50	0,032 123	100	409	150	543	200	945	250
829		285		541		658		0,051 047	

Geg. B = 0,029364

$$\log \frac{1}{M} = 0{,}3622157$$
$$\log B = 0{,}4678152 - 2$$
$$\frac{B}{2} = 0{,}014682$$
$$k = 83$$
$$A = 8{,}844796$$

Wenn das gegebene B mit einer der Zahlen in obiger Tabelle zusammenfällt, so ist A vermittelst der unmittelbar vorausgehenden Korrektion k zu berechnen.

Z. B. B = 0,009685, k = 9
A = 8,353167.

Eine ähnliche Bemerkung gilt für die Korrektion k Seite 1.

Gemeine Logarithmen.

Erläuterung und Beispiele.

Um log N zu berechnen, kann man N in zwei Teile n und p derart zerlegen, dass n aus den 4 höchsten effektiven Ziffern besteht.

$$N = n + p = n\left(1 + \frac{p}{n}\right) \quad . \; . \; . \; . \; . \; . \; . \; . \; . \; . \quad (1)$$

Setzt man $\log \frac{p}{n} = A$, dann ist $\log N = \log n + B$ . . . . (2)

Da A höchstens den Wert 7,00 — 10 erreicht, findet sich ohne Interpolation B aus der Formel (Seite 1):

$$B = \text{num log} (\log M + A) \quad . \; . \; . \; . \; . \; . \; . \; . \; . \; . \quad (3)$$

Die Methode geht in allen Fällen darauf aus, zunächst nur die Mantisse aufzufinden, indem man bei irgend einem gegebenen Numerus die vier höchsten effektiven Ziffern als ganze Zahl und die darauffolgenden als Decimalen betrachtet. Die Kennziffer ist nachträglich nach den bekannten Regeln anzusetzen.

Geg.	N_1 = 42,760489		
	N = 4276,0489;	n = 4276, p = 0,0489	
	log p = 0,6893089 — 2		
	log n = 3,6310377		
	A = 5,0582712 — 10	B = 0,0000004967	
	log M = 9,6377843 — 10	log n = 3,6310377	
	log B = 0,6960555 — 6	log N = 3,6310427	log N_1 = 1,6310427
Geg.	N_1 = 0,10010999		
	N = 1001,0999;	n = 1001, p = 0,0999	
	0,9995655 — 2		
	3,0004341		
	5,9991314 — 10	0,00004334	
	9,6377843 — 10	3,0004341	
	0,6369157 — 5	log N = 3,0004774	log N_1 = 0,0004774 — 1

Der geübte Rechner wird leicht die Abkürzungen erkennen, die bei den hier gegebenen Beispielen eingeführt werden können. Selbst in dem ungünstigsten Falle N = 1000, 999.. genügt es, in (3) log M und A vierstellig anzusetzen, um die siebente Decimale von B bis auf zwei Einheiten zu erhalten.

Soll umgekehrt zu einem gegebenen log N die Zahl N gesucht werden, dann ist: (vgl. (2)) log N — log n = B; log n der in der Tafel enthaltene nächst kleinere Logarithmus.

Zu B das zugehörige A aus der Formel (Seite 1): $A = \log\frac{1}{M} + \log B + \frac{B}{2}$.

$$\log p = A + \log n \quad \text{und} \quad N = n + p \quad . \; . \; . \; . \quad (\text{vgl. } (1))$$

Geg.	log N = 2,6378096	n = 434,3
	log n = 2,6377898	p = 0,01980
	B = 0,0000198	N = 434,31980
	$\log \frac{1}{M}$ = 0,3622157	
	log B = 0,2966652 — 5	
	$\frac{B}{2}$ = 0,0000099	
	A = 5,6588908 — 10	
	log n = 2,6377898	
	log p = 0,2966806 — 2	

N	L	0	1	2	3	4	5	6	7	8	9
100	00	000 00	043 41	086 77	130 09	173 37	216 61	259 80	302 95	346 05	389 12
101		432 14	475 12	518 05	560 94	603 80	646 60	689 37	732 10	774 78	817 42
102		860 02	902 57	945 09	987 56	*030 00	*072 39	*114 74	*157 04	*199 31	*241 54
103	01	283 72	325 87	367 97	410 03	452 05	494 03	535 98	577 88	619 74	661 55
104		703 33	745 07	786 77	828 43	870 05	911 63	953 17	994 67	*036 13	*077 55
105	02	118 93	160 27	201 57	242 84	284 06	325 25	366 39	407 50	448 57	489 60
106		530 59	571 54	612 45	653 33	694 16	734 96	775 72	816 44	857 13	897 77
107		938 38	978 95	*019 48	*059 97	*100 43	*140 85	*181 23	*221 57	*261 88	*302 14
108	03	342 38	382 57	422 73	462 85	502 93	542 97	582 98	622 95	662 89	702 79
109		742 65	782 48	822 26	862 02	901 73	941 41	981 06	*020 66	*060 23	*099 77
110	04	139 27	178 73	218 16	257 55	296 91	336 23	375 51	414 76	453 98	493 15
111		532 30	571 41	610 48	649 52	688 52	727 49	766 42	805 32	844 18	883 01
112		921 80	960 56	999 29	*037 98	*076 63	*115 25	*153 84	*192 39	*230 91	*269 39
113	05	307 84	346 26	384 64	422 99	461 31	499 59	537 83	576 05	614 23	652 37
114		690 49	728 56	766 61	804 62	842 60	880 55	918 46	956 34	994 19	*032 00
115	06	069 78	107 53	145 25	182 93	220 58	258 20	295 78	333 34	370 86	408 34
116		445 80	483 22	520 61	557 97	595 30	632 59	669 86	707 09	744 28	781 45
117		818 59	855 69	892 76	929 80	966 81	*003 79	*040 73	*077 65	*114 53	*151 38
118	07	188 20	224 99	261 75	298 47	335 17	371 84	408 47	445 07	481 64	518 19
119		554 70	591 18	627 63	664 04	700 43	736 79	773 12	809 42	845 68	881 92
120		918 12	954 30	990 45	*026 56	*062 65	*098 70	*134 73	*170 73	*206 69	*242 63
121	08	278 54	314 41	350 26	386 08	421 87	457 63	493 36	529 06	564 73	600 37
122		635 98	671 57	707 12	742 65	778 14	813 61	849 05	884 46	919 84	955 19
123		990 51	*025 81	*061 07	*096 31	*131 52	*166 70	*201 85	*236 97	*272 06	*307 13
124	09	342 17	377 18	412 16	447 11	482 04	516 94	551 80	586 65	621 46	656 24
125		691 00	725 73	760 43	795 11	829 75	864 37	898 96	933 53	968 06	*002 57
126	10	037 05	071 51	105 94	140 34	174 71	209 05	243 37	277 66	311 93	346 16
127		380 37	414 56	448 71	482 84	516 94	551 02	585 07	619 09	653 09	687 05
128		721 00	754 91	788 80	822 67	856 50	890 31	924 10	957 85	991 59	*025 29
129	11	058 97	092 62	126 25	159 85	193 43	226 98	260 50	294 00	327 47	360 92
130		394 34	427 73	461 10	494 44	527 76	561 05	594 32	627 56	660 77	693 96
131		727 13	760 27	793 38	826 47	859 54	892 58	925 59	958 58	991 54	*024 48
132	12	057 39	090 28	123 15	155 98	188 80	221 59	254 35	287 09	319 81	352 50
133		385 16	417 81	450 42	483 01	515 58	548 13	580 65	613 14	645 61	678 06
134		710 48	742 88	775 25	807 60	839 93	872 23	904 51	936 76	968 99	*001 19
135	13	033 38	065 53	097 67	129 78	161 87	193 93	225 97	257 98	289 98	321 95
136		353 89	385 81	417 71	449 59	481 44	513 27	545 07	576 85	608 61	640 34
137		672 06	703 75	735 41	767 05	798 67	830 27	861 84	893 39	924 92	956 43
138		987 91	*019 37	*050 80	*082 22	*113 61	*144 98	*176 32	*207 65	*238 95	*270 22
139	14	301 48	332 71	363 92	395 11	426 28	457 42	488 54	519 64	550 72	581 77
140		612 80	643 81	674 80	705 77	736 71	767 63	798 53	829 41	860 27	891 10
141		921 91	952 70	983 47	*014 22	*044 94	*075 64	*106 33	*136 99	*167 62	*198 24
142	15	228 83	259 41	289 96	320 49	351 00	381 49	411 95	442 40	472 82	503 22
143		533 60	563 96	594 30	624 62	654 92	685 19	715 44	745 68	775 89	806 08
144		836 25	866 40	896 53	926 63	956 72	986 78	*016 83	*046 85	*076 86	*106 84
145	16	136 80	166 74	196 66	226 56	256 44	286 30	316 14	345 96	375 75	405 53
146		435 29	465 02	494 74	524 43	554 11	583 76	613 40	643 01	672 61	702 18
147		731 73	761 27	790 78	820 27	849 75	879 20	908 64	938 05	967 44	996 82
148	17	026 17	055 51	084 82	114 12	143 39	172 65	201 88	231 10	260 29	289 47
149		318 63	347 76	376 88	405 98	435 06	464 12	493 16	522 18	551 18	580 16
150		609 13	638 07	666 99	695 90	724 78	753 65	782 50	811 33	840 13	868 92

N	L	0	1	2	3	4	5	6	7	8	9
150	17	609 13	638 07	666 99	695 90	724 78	753 65	782 50	811 33	840 13	868 92
151		897 69	926 45	955 18	983 89	*012 59	*041 26	*069 92	*098 56	*127 18	*155 78
152	18	184 36	212 92	241 47	269 99	298 50	326 98	355 45	383 90	412 34	440 75
153		469 14	497 52	525 88	554 22	582 54	610 84	639 12	667 39	695 63	723 86
154		752 07	780 26	808 44	836 59	864 73	892 85	920 95	949 03	977 10	*005 14
155	19	033 17	061 18	089 17	117 15	145 10	173 04	200 96	228 86	256 75	284 61
156		312 46	340 29	368 10	395 90	423 67	451 43	479 18	506 90	534 61	562 29
157		589 97	617 62	645 25	672 87	700 47	728 06	755 62	783 17	810 70	838 21
158		865 71	893 19	920 65	948 09	975 52	*002 93	*030 32	*057 69	*085 05	*112 39
159	20	139 71	167 02	194 31	221 58	248 83	276 07	303 29	330 49	357 68	384 85
160		412 00	439 13	466 25	493 35	520 44	547 50	574 55	601 59	628 60	655 60
161		682 59	709 55	736 50	763 44	790 35	817 25	844 14	871 00	897 85	924 68
162		951 50	978 30	*005 08	*031 85	*058 60	*085 34	*112 05	*138 76	*165 44	*192 11
163	21	218 76	245 40	272 02	298 62	325 21	351 78	378 33	404 87	431 39	457 90
164		484 38	510 86	537 32	563 76	590 18	616 59	642 98	669 36	695 72	722 07
165		748 39	774 71	801 00	827 29	853 55	879 80	906 03	932 25	958 45	984 64
166	22	010 81	036 96	063 10	089 22	115 33	141 42	167 50	193 56	219 60	245 63
167		271 65	297 64	323 63	349 59	375 55	401 48	427 40	453 31	479 20	505 07
168		530 93	556 77	582 60	608 41	634 21	659 99	685 76	711 51	737 24	762 96
169		788 67	814 36	840 04	865 70	891 34	916 97	942 58	968 18	993 77	*019 34
170	23	044 89	070 43	095 96	121 46	146 96	172 44	197 90	223 35	248 79	274 21
171		299 61	325 00	350 38	375 74	401 08	426 41	451 73	477 03	502 32	527 59
172		552 84	578 09	603 31	628 53	653 73	678 91	704 08	729 23	754 37	779 50
173		804 61	829 71	854 79	879 86	904 91	929 95	954 97	979 98	*004 98	*029 96
174	24	054 92	079 88	104 82	129 74	154 65	179 54	204 42	229 29	254 14	278 98
175		303 80	328 61	353 41	378 19	402 96	427 71	452 45	477 18	501 89	526 58
176		551 27	575 94	600 59	625 23	649 86	674 47	699 07	723 65	748 23	772 78
177		797 33	821 86	846 37	870 87	895 36	919 84	944 30	968 74	993 18	*017 59
178	25	042 00	066 39	090 77	115 13	139 49	163 82	188 15	212 46	236 75	261 03
179		285 30	309 56	333 80	358 03	382 24	406 45	430 63	454 81	478 97	503 12
180		527 25	551 37	575 48	599 57	623 65	647 72	671 77	695 82	719 84	743 86
181		767 86	791 85	815 82	839 78	863 73	887 66	911 58	935 49	959 39	983 27
182	26	007 14	030 99	054 84	078 67	102 48	126 29	150 08	173 85	197 62	221 37
183		245 11	268 83	292 55	316 25	339 93	363 61	387 27	410 92	434 55	458 17
184		481 78	505 38	528 96	552 53	576 09	599 64	623 17	646 69	670 20	693 69
185		717 17	740 64	764 10	787 54	810 97	834 39	857 80	881 19	904 57	927 94
186		951 29	974 64	997 97	*021 29	*044 59	*067 88	*091 16	*114 43	*137 69	*160 93
187	27	184 16	207 38	230 58	253 78	276 96	300 13	323 28	346 43	369 56	392 68
188		415 78	438 88	461 96	485 03	508 09	531 14	554 17	577 19	600 20	623 20
189		646 18	669 15	692 11	715 06	738 00	760 92	783 83	806 73	829 62	852 50
190		875 36	898 21	921 05	943 88	966 69	989 50	*012 29	*035 07	*057 84	*080 59
191	28	103 34	126 07	148 79	171 50	194 19	216 88	239 55	262 21	284 86	307 50
192		330 12	352 74	375 34	397 93	420 51	443 07	465 63	488 17	510 70	533 22
193		555 73	578 23	600 71	623 19	645 65	668 10	690 54	712 96	735 38	757 78
194		780 17	802 55	824 92	847 28	869 63	891 96	914 28	936 60	958 90	981 18
195	29	003 46	025 73	047 98	070 22	092 46	114 68	136 89	159 08	181 27	203 44
196		225 61	247 76	269 90	292 03	314 15	336 26	358 35	380 44	402 51	424 57
197		446 62	468 66	490 69	512 71	534 71	556 71	578 69	600 67	622 63	644 58
198		666 52	688 45	710 37	732 27	754 17	776 05	797 92	819 79	841 64	863 48
199		885 31	907 13	928 93	950 73	972 52	994 29	*016 05	*037 81	*059 55	*081 28
200	30	103 00	124 71	146 41	168 09	189 77	211 44	233 09	254 74	276 37	297 99
N	L	0	1	2	3	4	5	6	7	8	9

N	L	0	1	2	3	4	5	6	7	8	9
200	30	103 00	124 71	146 41	168 09	189 77	211 44	233 09	254 74	276 37	297 99
201		319 61	341 21	362 80	384 38	405 95	427 51	449 05	470 59	492 12	513 63
202		535 14	556 63	578 12	599 59	621 05	642 50	663 94	685 37	706 80	728 20
203		749 60	770 99	792 37	813 74	835 09	856 44	877 78	899 10	920 42	941 72
204		963 02	984 30	*005 57	*026 84	*048 09	*069 33	*090 56	*111 78	*133 00	*154 20
205	31	175 39	196 57	217 74	238 89	260 04	281 18	302 31	323 43	344 54	365 63
206		386 72	407 80	428 87	449 92	470 97	492 01	513 03	534 05	555 05	576 05
207		597 03	618 01	638 98	659 93	680 88	701 81	722 73	743 65	764 55	785 45
208		806 33	827 21	848 07	868 93	889 77	910 61	931 43	952 24	973 05	993 84
209	32	014 63	035 40	056 17	076 92	097 67	118 40	139 13	159 84	180 55	201 24
210		221 93	242 61	263 27	283 93	304 57	325 21	345 84	366 45	387 06	407 66
211		428 25	448 82	469 39	489 95	510 50	531 04	551 57	572 09	592 60	613 10
212		633 59	654 07	674 54	695 00	715 45	735 89	756 33	776 75	797 16	817 57
213		837 96	858 34	878 72	899 09	919 44	939 79	960 12	980 45	*000 77	*021 08
214	33	041 38	061 67	081 95	102 22	122 48	142 73	162 97	183 20	203 43	223 64
215		243 85	264 04	284 23	304 40	324 57	344 73	364 88	385 01	405 14	425 26
216		445 38	465 48	485 57	505 65	525 73	545 79	565 85	585 89	605 93	625 96
217		645 97	665 98	685 98	705 97	725 95	745 93	765 89	785 84	805 79	825 72
218		845 65	865 57	885 47	905 37	925 26	945 14	965 02	984 88	*004 73	*024 58
219	34	044 41	064 24	084 05	103 86	123 66	143 45	163 23	183 01	202 77	222 52
220		242 27	262 00	281 73	301 45	321 16	340 86	360 55	380 23	399 91	419 57
221		439 23	458 87	478 51	498 14	517 76	537 37	556 98	576 57	596 15	615 73
222		635 30	654 86	674 41	693 95	713 48	733 00	752 52	772 02	791 52	811 01
223		830 49	849 96	869 42	888 87	908 32	927 75	947 18	966 60	986 01	*005 41
224	35	024 80	044 19	063 56	082 93	102 29	121 63	140 98	160 31	179 63	198 95
225		218 25	237 55	256 84	276 12	295 39	314 65	333 91	353 16	372 39	391 62
226		410 84	430 06	449 26	468 46	487 64	506 82	525 99	545 15	564 31	583 45
227		602 59	621 71	640 83	659 94	679 05	698 14	717 23	736 30	755 37	774 43
228		793 48	812 53	831 56	850 59	869 61	888 62	907 62	926 62	945 60	964 58
229		983 55	*002 51	*021 46	*040 41	*059 34	*078 27	*097 19	*116 10	*135 00	*153 90
230	36	172 78	191 66	210 53	229 39	248 25	267 09	285 93	304 76	323 58	342 39
231		361 20	379 99	398 78	417 56	436 34	455 10	473 86	492 60	511 34	530 07
232		548 80	567 51	586 22	604 92	623 61	642 30	660 97	679 64	698 30	716 95
233		735 59	754 23	772 85	791 47	810 09	828 69	847 28	865 87	884 45	903 02
234		921 59	940 14	958 69	977 23	995 76	*014 28	*032 80	*051 31	*069 81	*088 30
235	37	106 79	125 26	143 73	162 19	180 65	199 09	217 53	235 96	254 38	272 79
236		291 20	309 60	327 99	346 37	364 75	383 11	401 47	419 83	438 17	456 51
237		474 83	493 16	511 47	529 77	548 07	566 36	584 64	602 92	621 19	639 44
238		657 70	675 94	694 18	712 40	730 63	748 84	767 04	785 24	803 43	821 61
239		839 79	857 96	876 12	894 27	912 41	930 55	948 68	966 80	984 92	*003 02
240	38	021 12	039 22	057 30	075 38	093 45	111 51	129 56	147 61	165 65	183 68
241		201 70	219 72	237 73	255 73	273 73	291 71	309 69	327 67	345 63	363 59
242		381 54	399 48	417 41	435 34	453 26	471 17	489 08	506 98	524 87	542 75
243		560 63	578 50	596 36	614 21	632 06	649 90	667 73	685 55	703 37	721 18
244		738 98	756 78	774 57	792 35	810 12	827 89	845 65	863 40	881 14	898 88
245		916 61	934 33	952 05	969 75	987 46	*005 15	*022 84	*040 52	*058 19	*075 85
246	39	093 51	111 16	128 80	146 44	164 07	181 69	199 31	216 91	234 52	252 11
247		269 70	287 27	304 85	322 41	339 97	357 52	375 06	392 60	410 13	427 65
248		445 17	462 68	480 18	497 67	515 16	532 64	550 11	567 58	585 04	602 49
249		619 93	637 37	654 80	672 23	689 64	707 05	724 46	741 85	759 24	776 63
250		794 00	811 37	828 73	846 08	863 43	880 77	898 11	915 43	932 75	950 07
N	L	0	1	2	3	4	5	6	7	8	9

N	L	0	1	2	3	4	5	6	7	8	9
250	39	794 00	811 37	828 73	846 08	863 43	880 77	898 11	915 43	932 75	950 07
251		967 37	984 67	*001 96	*019 25	*036 53	*053 80	*071 06	*088 32	*105 57	*122 82
252	40	140 05	157 28	174 51	191 73	208 94	226 14	243 33	260 52	277 71	294 88
253		312 05	329 21	346 37	363 52	380 66	397 80	414 92	432 05	449 16	466 27
254		483 37	500 47	517 55	534 64	551 71	568 78	585 84	602 89	619 94	636 98
255		654 02	671 05	688 07	705 08	722 09	739 09	756 08	773 07	790 05	807 03
256		824 00	840 96	857 91	874 86	891 80	908 74	925 67	942 59	959 50	976 41
257		993 31	*010 21	*027 10	*043 98	*060 85	*077 72	*094 59	*111 44	*128 29	*145 13
258	41	161 97	178 80	195 62	212 44	229 25	246 05	262 85	279 64	296 43	313 21
259		329 98	346 74	363 50	380 25	397 00	413 74	430 47	447 19	463 91	480 63
260		497 33	514 04	530 73	547 42	564 10	580 77	597 44	614 10	630 76	647 41
261		664 05	680 69	697 32	713 94	730 56	747 17	763 77	780 37	796 96	813 55
262		830 13	846 70	863 27	879 83	896 38	912 93	929 47	946 01	962 54	979 06
263		995 57	*012 08	*028 59	*045 09	*061 58	*078 06	*094 54	*111 01	*127 48	*143 94
264	42	160 39	176 84	193 28	209 72	226 15	242 57	258 98	275 39	291 80	308 20
265		324 59	340 97	357 35	373 72	390 09	406 45	422 81	439 16	455 50	471 83
266		488 16	504 49	520 81	537 12	553 42	569 72	586 01	602 30	618 58	634 86
267		651 13	667 39	683 65	699 90	716 14	732 38	748 61	764 84	781 06	797 27
268		813 48	829 68	845 88	862 07	878 25	894 43	910 60	926 77	942 93	959 08
269		975 23	991 37	*007 51	*023 64	*039 76	*055 88	*071 99	*088 09	*104 19	*120 29
270	43	136 38	152 46	168 53	184 60	200 67	216 73	232 78	248 83	264 87	280 90
271		296 93	312 95	328 97	344 98	360 98	376 98	392 98	408 96	424 95	440 92
272		456 89	472 85	488 81	504 76	520 71	536 65	552 59	568 51	584 44	600 35
273		616 26	632 17	648 07	663 96	679 85	695 73	711 61	727 48	743 34	759 20
274		775 06	790 90	806 75	822 58	838 41	854 23	870 05	885 87	901 67	917 47
275		933 27	949 06	964 84	980 62	996 39	*012 16	*027 92	*043 68	*059 43	*075 17
276	44	090 91	106 64	122 37	138 09	153 80	169 51	185 22	200 92	216 61	232 30
277		247 98	263 65	279 32	294 99	310 65	326 30	341 95	357 59	373 22	388 85
278		404 48	420 10	435 71	451 32	466 92	482 52	498 11	513 70	529 28	544 85
279		560 42	575 98	591 54	607 09	622 64	638 18	653 72	669 25	684 77	700 29
280		715 80	731 31	746 81	762 31	777 80	793 29	808 77	824 24	839 71	855 17
281		870 63	886 08	901 53	916 97	932 41	947 84	963 27	978 68	994 10	*009 51
282	45	024 91	040 31	055 70	071 09	086 47	101 85	117 22	132 58	147 94	163 29
283		178 64	193 99	209 32	224 66	239 98	255 31	270 62	285 93	301 24	316 54
284		331 83	347 12	362 41	377 69	392 96	408 23	423 49	438 75	454 00	469 24
285		484 49	499 72	514 95	530 18	545 40	560 61	575 82	591 02	606 22	621 42
286		636 60	651 79	666 96	682 13	697 30	712 46	727 62	742 77	757 91	773 05
287		788 19	803 32	818 44	833 56	848 68	863 78	878 89	893 99	909 08	924 17
288		939 25	954 33	969 40	984 46	999 53	*014 58	*029 63	*044 68	*059 72	*074 75
289	46	089 78	104 81	119 83	134 84	149 85	164 86	179 86	194 85	209 84	224 82
290		239 80	254 77	269 74	284 70	299 66	314 61	329 56	344 50	359 44	374 37
291		389 30	404 22	419 14	434 05	448 95	463 86	478 75	493 64	508 53	523 41
292		538 29	553 16	568 02	582 88	597 74	612 59	627 43	642 27	657 11	671 94
293		686 76	701 58	716 40	731 21	746 01	760 81	775 61	790 39	805 18	819 96
294		834 73	849 50	864 27	879 03	893 78	908 53	923 27	938 01	952 75	967 48
295		982 20	996 92	*011 64	*026 34	*041 05	*055 75	*070 44	*085 13	*099 82	*114 50
296	47	129 17	143 84	158 51	173 17	187 82	202 47	217 11	231 75	246 39	261 02
297		275 64	290 27	304 88	319 49	334 10	348 70	363 29	377 88	392 47	407 05
298		421 63	436 20	450 76	465 33	479 88	494 43	508 98	523 52	538 06	552 59
299		567 12	581 64	596 16	610 67	625 18	639 68	654 18	668 67	683 16	697 65
300		712 13	726 60	741 07	755 53	769 99	784 45	798 90	813 34	827 78	842 22
N	L	0	1	2	3	4	5	6	7	8	9

N	L	0	1	2	3	4	5	6	7	8	9
300	47	712 13	726 60	741 07	755 53	769 99	784 45	798 90	813 34	827 78	842 22
301		856 65	871 08	885 50	899 91	914 32	928 73	943 13	957 53	971 92	986 31
302	48	000 69	015 07	029 45	043 81	058 18	072 54	086 89	101 24	115 59	129 93
303		144 26	158 59	172 92	187 24	201 56	215 87	230 18	244 48	258 78	273 07
304		287 36	301 64	315 92	330 20	344 46	358 73	372 99	387 25	401 50	415 74
305		429 98	444 22	458 45	472 68	486 90	501 12	515 33	529 54	543 75	557 95
306		572 14	586 33	600 52	614 70	628 88	643 05	657 22	671 38	685 54	699 69
307		713 84	727 98	742 12	756 26	770 39	784 51	798 63	812 75	826 86	840 97
308		855 07	869 17	883 26	897 35	911 44	925 52	939 59	953 66	967 73	981 79
309		995 85	*009 90	*023 95	*037 99	*052 03	*066 07	*080 10	*094 12	*108 14	*122 16
310	49	136 17	150 18	164 18	178 18	192 17	206 16	220 15	234 13	248 10	262 07
311		276 04	290 00	303 96	317 91	331 86	345 81	359 74	373 68	387 61	401 54
312		415 46	429 38	443 29	457 20	471 10	485 00	498 90	512 79	526 67	540 56
313		554 43	568 31	582 18	596 04	609 90	623 75	637 61	651 45	665 29	679 13
314		692 96	706 79	720 62	734 44	748 25	762 06	775 87	789 67	803 47	817 27
315		831 06	844 84	858 62	872 40	886 17	899 94	913 70	927 46	941 21	954 96
316		968 71	982 45	996 19	*009 92	*023 65	*037 37	*051 09	*064 81	*078 52	*092 22
317	50	105 93	119 62	133 32	147 01	160 69	174 37	188 05	201 72	215 39	229 05
318		242 71	256 37	270 02	283 66	297 31	310 94	324 58	338 21	351 83	365 45
319		379 07	392 68	406 29	419 89	433 49	447 09	460 68	374 26	487 85	501 42
320		515 00	528 57	542 13	555 69	569 25	582 80	596 35	609 90	623 44	636 97
321		650 50	664 03	677 55	691 07	704 59	718 10	731 60	745 11	758 60	772 10
322		785 59	799 07	812 55	826 03	839 50	852 97	866 44	879 90	893 35	906 80
323		920 25	933 70	947 14	960 57	974 00	987 43	*000 85	*014 27	*027 68	*041 09
324	51	054 50	067 90	081 30	094 69	108 08	121 47	134 85	148 23	161 60	174 97
325		188 34	201 70	215 05	228 41	241 75	255 10	268 44	281 78	295 11	308 44
326		321 76	335 08	348 40	361 71	375 02	388 32	401 62	414 91	428 20	441 49
327		454 78	468 05	481 33	494 60	507 87	521 13	534 39	547 64	560 89	574 14
328		587 38	600 62	613 86	627 09	640 31	653 54	666 76	679 97	693 18	706 39
329		719 59	732 79	745 98	759 17	772 36	785 54	798 72	811 89	825 07	838 23
330		851 39	864 55	877 71	890 86	904 00	917 15	930 28	943 42	956 55	969 68
331		982 80	995 92	*009 03	*022 14	*035 25	*048 35	*061 45	*074 55	*087 64	*100 73
332	52	113 81	126 89	139 96	153 03	166 10	179 16	192 22	205 28	218 33	231 38
333		244 42	257 46	270 50	283 53	296 56	309 58	322 60	335 62	348 63	361 64
334		374 65	387 65	400 64	413 64	426 63	439 61	452 59	465 57	478 54	491 51
335		504 48	517 44	530 40	543 36	556 31	569 25	582 20	595 13	608 07	621 00
336		633 93	646 85	659 77	672 69	685 60	698 51	711 41	724 31	737 21	750 10
337		762 99	775 88	788 76	801 63	814 51	827 38	840 24	853 11	865 96	878 82
338		891 67	904 52	917 36	930 20	943 04	955 87	968 70	981 52	994 34	*007 16
339	53	019 97	032 78	045 58	058 39	071 18	083 98	096 77	109 55	122 34	135 12
340		147 89	160 66	173 43	186 19	198 96	211 71	224 46	237 21	249 96	262 70
341		275 44	288 17	300 90	313 63	326 35	339 07	351 79	364 50	377 21	389 91
342		402 61	415 31	428 00	440 69	453 38	466 06	478 74	491 41	504 08	516 75
343		529 41	542 07	554 73	567 38	580 03	592 67	605 32	617 95	630 59	643 22
344		655 84	668 47	681 09	693 70	706 31	718 92	731 53	744 13	756 73	769 32
345		781 91	794 50	807 08	819 66	832 23	844 81	857 37	869 94	882 50	895 06
346		907 61	920 16	932 71	945 25	957 79	970 32	982 86	995 38	*007 91	*020 43
347	54	032 95	045 46	057 97	070 48	082 98	095 48	107 98	120 47	132 96	145 44
348		157 92	170 40	182 88	195 35	207 81	220 28	232 74	245 19	257 65	270 10
349		282 54	294 98	307 42	319 86	332 29	344 72	357 14	369 56	381 98	394 39
350		406 80	419 21	431 61	444 01	456 41	468 80	481 19	493 58	505 96	518 34
N	L	0	1	2	3	4	5	6	7	8	9

N	L	0	1	2	3	4	5	6	7	8	9
350	54	406 80	419 21	431 61	444 01	456 41	468 80	481 19	493 58	505 96	518 34
351		530 71	543 08	555 45	567 81	580 18	592 53	604 89	617 24	629 58	641 93
352		654 27	666 60	678 94	691 26	703 59	715 91	728 23	740 55	752 86	765 17
353		777 47	789 77	802 07	814 36	826 65	838 94	851 23	863 51	875 78	888 06
354		900 33	912 59	924 86	937 12	949 37	961 62	973 87	986 12	998 36	*010 60
355	55	022 84	035 07	047 30	059 52	071 74	083 96	096 18	108 39	120 59	132 80
356		145 00	157 20	169 39	181 58	193 77	205 95	218 13	230 31	242 48	254 65
357		266 82	278 99	291 15	303 30	315 45	327 60	339 75	351 89	364 03	376 17
358		388 30	400 43	412 56	424 68	436 80	448 92	461 03	473 14	485 24	497 35
359		509 44	521 54	533 63	545 72	557 81	569 89	581 97	594 04	606 12	618 18
360		630 25	642 31	654 37	666 43	678 48	690 53	702 57	714 61	726 65	738 69
361		750 72	762 75	774 77	786 80	798 81	810 83	822 84	834 85	846 86	858 86
362		870 86	882 85	894 84	906 83	918 82	930 80	942 78	954 76	966 73	978 70
363		990 66	*002 62	*014 58	*026 54	*038 49	*050 44	*062 39	*074 33	*086 27	*098 21
364	56	110 14	122 07	133 99	145 92	157 84	169 75	181 67	193 58	205 48	217 39
365		229 29	241 18	253 08	264 97	276 85	288 74	300 62	312 50	324 37	336 24
366		348 11	359 97	371 83	383 69	395 55	407 40	419 25	431 09	442 93	454 77
367		466 61	478 44	490 27	502 09	513 92	525 73	537 55	549 36	561 17	572 98
368		584 78	596 58	608 38	620 17	631 96	643 75	655 53	667 31	679 09	690 87
369		702 64	714 40	726 17	737 93	749 69	761 44	773 20	784 95	796 69	808 43
370		820 17	831 91	843 64	855 37	867 10	878 82	890 54	902 26	913 97	925 68
371		937 39	949 10	960 80	972 49	984 19	995 88	*007 57	*019 26	*030 94	*042 62
372	57	054 29	065 97	077 64	089 30	100 97	112 63	124 29	135 94	147 59	159 24
373		170 88	182 52	194 16	205 80	217 43	229 06	240 69	252 31	263 93	275 55
374		287 16	298 77	310 38	321 98	333 58	345 18	356 78	368 37	379 96	391 54
375		403 13	414 71	426 28	437 86	449 43	460 99	472 56	484 12	495 68	507 23
376		518 78	530 33	541 88	553 42	564 96	576 50	588 03	599 56	611 09	622 61
377		634 14	645 65	657 17	668 68	680 19	691 70	703 20	714 70	726 20	737 69
378		749 18	760 67	772 15	783 63	795 11	806 59	818 06	829 53	841 00	852 46
379		863 92	875 38	886 83	898 28	909 73	921 18	932 62	944 06	955 50	966 93
380		978 36	989 79	*001 21	*012 63	*024 05	*035 47	*046 88	*058 29	*069 69	*081 10
381	58	092 50	103 89	115 29	126 68	138 07	149 45	160 84	172 22	183 59	194 97
382		206 34	217 70	229 07	240 43	251 79	263 14	274 50	285 85	297 19	308 54
383		319 88	331 22	342 55	353 88	365 21	376 54	387 86	399 18	410 50	421 81
384		433 12	444 43	455 74	467 04	478 34	489 63	500 93	512 22	523 51	534 79
385		546 07	557 35	568 63	579 90	591 17	602 44	613 70	624 96	636 22	647 48
386		658 73	669 98	681 23	692 47	703 71	714 95	726 18	737 42	748 65	759 87
387		771 10	782 32	793 53	804 75	815 96	827 17	838 38	849 58	860 78	871 98
388		883 17	894 36	905 55	916 74	927 92	939 10	950 28	961 45	972 63	983 79
389		994 96	*006 12	*017 28	*028 44	*039 59	*050 75	*061 89	*073 04	*084 18	*095 32
390	59	106 46	117 60	128 73	139 86	150 98	162 10	173 22	184 34	195 46	206 57
391		217 68	228 78	239 88	250 98	262 08	273 18	284 27	295 36	306 44	317 53
392		328 61	339 68	350 76	361 83	372 90	383 97	395 03	406 09	417 15	428 20
393		439 26	450 30	461 35	472 39	483 44	494 47	505 51	516 54	527 57	538 60
394		549 62	560 64	571 66	582 68	593 69	604 70	615 71	626 71	637 71	648 71
395		659 71	670 70	681 69	692 68	703 67	714 65	725 63	736 61	747 58	758 55
396		769 52	780 48	791 45	802 41	813 36	824 32	835 27	846 22	857 17	868 11
397		879 05	889 99	900 92	911 86	922 79	933 71	944 64	955 56	966 48	977 39
398		988 31	999 22	*010 13	*021 03	*031 93	*042 83	*053 73	*064 62	*075 51	*086 40
399	60	097 29	108 17	119 05	129 93	140 81	151 68	162 55	173 41	184 28	195 14
400		206 00	216 86	227 71	238 56	249 41	260 25	271 09	281 93	292 77	303 61
N	L	0	1	2	3	4	5	6	7	8	9

N	L	0	1	2	3	4	5	6	7	8	9
400	60	206 00	216 86	227 71	238 56	249 41	260 25	271 09	281 93	292 77	303 61
401		314 44	325 27	336 09	346 92	357 74	368 55	379 37	390 18	400 99	411 80
402		422 61	433 41	444 21	455 00	465 80	476 59	487 38	498 16	508 95	519 73
403		530 50	541 28	552 05	562 82	573 59	584 35	595 12	605 87	616 63	627 39
404		638 14	648 89	659 63	670 37	681 11	691 85	702 59	713 32	724 05	734 78
405		745 50	756 22	766 94	777 66	788 37	799 09	809 79	820 50	831 20	841 91
406		852 60	863 30	873 99	884 68	895 37	906 05	916 74	927 42	938 09	948 77
407		959 44	970 11	980 78	991 44	*002 10	*012 76	*023 42	*034 07	*044 72	*055 37
408	61	066 02	076 66	087 30	097 94	108 57	119 21	129 84	140 46	151 09	161 71
409		172 33	182 95	193 56	204 17	214 78	225 39	235 99	246 60	257 20	267 79
410		278 39	288 98	299 57	310 15	320 74	331 32	341 89	352 47	363 04	373 61
411		384 18	394 75	405 31	415 87	426 43	436 98	447 54	458 09	468 63	479 18
412		489 72	500 26	510 80	521 33	531 87	542 40	552 92	563 45	573 97	584 49
413		595 01	605 52	616 03	626 54	637 05	647 55	658 05	668 55	679 05	689 54
414		700 03	710 52	721 01	731 49	741 97	752 45	762 93	773 40	783 87	794 34
415		804 81	815 27	825 73	836 19	846 65	857 10	867 55	878 00	888 45	898 89
416		909 33	919 77	930 21	940 64	951 07	961 50	971 93	982 35	992 77	*003 19
417	62	013 61	024 02	034 43	044 84	055 24	065 65	076 05	086 45	096 84	107 24
418		117 63	128 02	138 40	148 79	159 17	169 55	179 92	190 30	200 67	211 04
419		221 40	231 77	242 13	252 49	262 84	273 20	283 55	293 90	304 24	314 59
420		324 93	335 27	345 60	355 94	366 27	376 60	386 93	397 25	407 57	417 89
421		428 21	438 52	448 84	459 15	469 45	479 76	490 06	500 36	510 66	520 95
422		531 25	541 54	551 82	562 11	572 39	582 67	592 95	603 22	613 50	623 77
423		634 04	644 30	654 57	664 83	675 09	685 34	695 60	705 85	716 10	726 34
424		736 59	746 83	757 07	767 30	777 54	787 77	798 00	808 23	818 45	828 67
425		838 89	849 11	859 33	869 54	879 75	889 96	900 16	910 37	920 57	930 76
426		940 96	951 15	961 34	971 53	981 72	991 90	*002 09	*012 26	*022 44	*032 62
427	63	042 79	052 96	063 12	073 29	083 45	093 61	103 77	113 93	124 08	134 23
428		144 38	154 52	164 67	174 81	184 95	195 08	205 22	215 35	225 48	235 60
429		245 73	255 85	265 97	276 09	286 20	296 32	306 43	316 54	326 64	336 74
430		346 85	356 94	367 04	377 13	387 23	397 32	407 40	417 49	427 57	437 65
431		447 73	457 80	467 88	477 95	488 01	498 08	508 14	518 20	528 26	538 32
432		548 37	558 43	568 48	578 52	588 57	598 61	608 65	618 69	628 73	638 76
433		648 79	658 82	668 84	678 87	688 89	698 91	708 93	718 94	728 95	738 97
434		748 97	758 98	768 98	778 98	788 98	798 98	808 97	818 96	828 95	838 94
435		848 93	858 91	868 89	878 87	888 84	898 82	908 79	918 76	928 72	938 69
436		948 65	958 61	968 57	978 52	988 47	998 42	*008 37	*018 32	*028 26	*038 20
437	64	048 14	058 08	068 02	077 95	087 88	097 81	107 73	117 65	127 58	137 49
438		147 41	157 33	167 24	177 15	187 05	196 96	206 86	216 76	226 66	236 56
439		246 45	256 34	266 23	276 12	286 01	295 89	305 77	315 65	325 52	335 40
440		345 27	355 14	365 00	374 87	384 73	394 59	404 45	414 31	424 16	434 01
441		443 86	453 71	463 55	473 39	483 23	493 07	502 91	512 74	522 57	532 40
442		542 23	552 05	561 87	571 69	581 51	591 33	601 14	610 95	620 76	630 57
443		640 37	650 18	659 98	669 77	679 57	689 36	699 15	708 94	718 73	728 51
444		738 30	748 08	757 86	767 63	777 41	787 18	796 95	806 71	816 48	826 24
445		836 00	845 76	855 52	865 27	875 02	884 77	894 52	904 26	914 01	923 75
446		933 49	943 22	952 96	962 69	972 42	982 15	991 87	*001 60	*011 32	*021 04
447	65	030 75	040 47	050 18	059 89	069 60	079 30	089 01	098 71	108 41	118 11
448		127 80	137 49	147 19	156 87	166 56	176 24	185 93	195 61	205 28	214 96
449		224 63	234 31	243 97	253 64	263 31	272 97	282 63	292 29	301 95	311 60
450		321 25	330 90	340 55	350 19	359 84	369 48	379 12	388 76	398 39	408 02
N	L	0	1	2	3	4	5	6	7	8	9

N	L	0	1	2	3	4	5	6	7	8	9
450	65	321 25	330 90	340 55	350 19	359 84	369 48	379 12	388 76	398 39	408 02
451		417 65	427 28	436 91	446 53	456 16	465 78	475 39	485 01	494 62	504 23
452		513 84	523 45	533 06	542 66	552 26	561 86	571 45	581 05	590 64	600 23
453		609 82	619 41	628 99	638 57	648 15	657 73	667 30	676 88	686 45	696 02
454		705 59	715 15	724 71	734 27	743 83	753 39	762 94	772 50	782 05	791 59
455		801 14	810 68	820 23	829 77	839 30	848 84	858 37	867 90	877 43	886 96
456		896 48	906 01	915 53	925 05	934 56	944 08	953 59	963 10	972 61	982 12
457		991 62	*001 12	*010 62	*020 12	*029 62	*039 11	*048 60	*058 09	*067 58	*077 06
458	66	086 55	096 03	105 51	114 99	124 46	133 93	143 41	152 87	162 34	171 81
459		181 27	190 73	200 19	209 64	219 10	228 55	238 00	247 45	256 90	266 34
460		275 78	285 22	294 66	304 10	313 53	322 96	332 39	341 82	351 25	360 67
461		370 09	379 51	388 93	398 35	407 76	417 17	426 58	435 99	445 39	454 80
462		464 20	473 60	482 99	492 39	501 78	511 17	520 56	529 95	539 34	548 72
463		558 10	567 48	576 86	586 23	595 60	604 97	614 34	623 71	633 07	642 44
464		651 80	661 16	670 51	679 87	689 22	698 57	707 92	717 27	726 61	735 95
465		745 30	754 63	763 97	773 31	782 64	791 97	801 30	810 62	819 95	829 27
466		838 59	847 91	857 23	866 54	875 85	885 16	894 47	903 78	913 08	922 39
467		931 69	940 99	950 28	959 58	968 87	978 16	987 45	996 74	*006 02	*015 30
468	67	024 59	033 86	043 14	052 42	061 69	070 96	080 23	089 50	098 76	108 02
469		117 28	126 54	135 80	145 06	154 31	163 56	172 81	182 06	191 30	200 54
470		209 79	219 03	228 26	237 50	246 73	255 96	265 19	274 42	283 65	292 87
471		302 09	311 31	320 53	329 74	338 96	348 17	357 38	366 59	375 79	385 00
472		394 20	403 40	412 60	421 79	430 99	440 18	449 37	458 56	467 75	476 93
473		486 11	495 29	504 47	513 65	522 83	532 00	541 17	550 34	559 51	568 67
474		577 83	587 00	596 15	605 31	614 47	623 62	632 77	641 92	651 07	660 22
475		669 36	678 50	687 64	696 78	705 92	715 05	724 18	733 32	742 44	751 57
476		760 70	769 82	778 94	788 06	797 18	806 29	815 40	824 52	833 62	842 73
477		851 84	860 94	870 04	879 14	888 24	897 34	906 43	915 52	924 61	933 70
478		942 79	951 87	960 96	970 04	979 12	988 19	997 27	*006 34	*015 41	*024 48
479	68	033 55	042 62	051 68	060 74	069 80	078 86	087 92	096 97	106 02	115 07
480		124 12	133 17	142 22	151 26	160 30	169 34	178 38	187 41	196 45	205 48
481		214 51	223 54	232 56	241 59	250 61	259 63	268 65	277 66	286 68	295 69
482		304 70	313 71	322 72	331 73	340 73	349 73	358 73	367 73	376 73	385 72
483		394 71	403 70	412 69	421 68	430 66	439 65	448 63	457 61	466 59	475 56
484		484 54	493 51	502 48	511 45	520 41	529 38	538 34	547 30	556 26	565 22
485		574 17	583 13	592 08	601 03	609 98	618 92	627 87	636 81	645 75	654 69
486		663 63	672 56	681 50	690 43	699 36	708 28	717 21	726 13	735 06	743 98
487		752 90	761 81	770 73	779 64	788 55	797 46	806 37	815 28	824 18	833 08
488		841 98	850 88	859 78	868 67	877 57	886 46	895 35	904 23	913 12	922 00
489		930 89	939 77	948 64	957 52	966 40	975 27	984 14	993 01	*001 88	*010 74
490	69	019 61	028 47	037 33	046 19	055 05	063 90	072 75	081 61	090 46	099 30
491		108 15	116 99	125 84	134 68	143 52	152 35	161 19	170 02	178 85	187 68
492		196 51	205 34	214 16	222 98	231 80	240 62	249 44	258 26	267 07	275 88
493		284 69	293 50	302 31	311 11	319 91	328 72	337 52	346 31	355 11	363 90
494		372 69	381 49	390 27	399 06	407 85	416 63	425 41	434 19	442 97	451 75
495		460 52	469 29	478 06	486 83	495 60	504 37	513 13	521 89	530 65	539 41
496		548 17	556 92	565 68	574 43	583 18	591 93	600 67	609 42	618 16	626 90
497		635 64	644 38	653 11	661 85	670 58	679 31	688 04	696 76	705 49	714 21
498		722 93	731 65	740 37	749 09	757 80	766 52	775 23	783 94	792 64	801 35
499		810 05	818 76	827 46	836 16	844 85	853 55	862 24	870 93	879 63	888 31
500		897 00	905 69	914 37	923 05	931 73	940 41	949 08	957 76	966 43	975 10
N	L	0	1	2	3	4	5	6	7	8	9

N	L	0	1	2	3	4	5	6	7	8	9
500	69	897 00	905 69	914 37	923 05	931 73	940 41	949 08	957 76	966 43	975 10
501		983 77	992 44	*001 11	*009 77	*018 43	*027 09	*035 75	*044 41	*053 07	*061 72
502	70	070 37	079 02	087 67	096 32	104 96	113 61	122 25	130 89	139 53	148 16
503		156 80	165 43	174 06	182 69	191 32	199 95	208 57	217 20	225 82	234 44
504		243 05	251 67	260 28	268 90	277 51	286 12	294 72	303 33	311 93	320 54
505		329 14	337 74	346 33	354 93	363 52	372 12	380 71	389 30	397 88	406 47
506		415 05	423 63	432 21	440 79	449 37	457 94	466 52	475 09	483 66	492 23
507		500 80	509 36	517 92	526 49	535 05	543 60	552 16	560 72	569 27	577 82
508		586 37	594 92	603 47	612 01	620 55	629 10	637 64	646 17	654 71	663 25
509		671 78	680 31	688 84	697 37	705 89	714 42	722 94	731 46	739 98	748 50
510		757 02	765 53	774 05	782 56	791 07	799 57	808 08	816 59	825 09	833 59
511		842 09	850 59	859 08	867 58	876 07	884 56	893 05	901 54	910 03	918 51
512		927 00	935 48	943 96	952 44	960 91	969 39	977 86	986 33	994 80	*003 27
513	71	011 74	020 20	028 66	037 13	045 59	054 04	062 50	070 96	079 41	087 86
514		096 31	104 76	113 21	121 65	130 10	138 54	146 98	155 42	163 85	172 29
515		180 72	189 15	197 59	206 01	214 44	222 87	231 29	239 71	248 13	256 55
516		264 97	273 39	281 80	290 21	298 62	307 03	315 44	323 85	332 25	340 65
517		349 05	357 45	365 85	374 25	382 64	391 04	399 43	407 82	416 20	424 59
518		432 98	441 36	449 74	458 12	466 50	474 88	483 25	491 62	500 00	508 37
519		516 74	525 10	533 47	541 83	550 19	558 56	566 91	575 27	583 63	591 98
520		600 33	608 69	617 03	625 38	633 73	642 07	650 42	658 76	667 10	675 44
521		683 77	692 11	700 44	708 77	717 10	725 43	733 76	742 08	750 41	758 73
522		767 05	775 37	783 69	792 00	800 32	808 63	816 94	825 25	833 56	841 86
523		850 17	858 47	866 77	875 07	883 37	891 67	899 96	908 26	916 55	924 84
524		933 13	941 42	949 70	957 99	966 27	974 55	982 83	991 11	999 38	*007 66
525	72	015 93	024 20	032 47	040 74	049 01	057 27	065 54	073 80	082 06	090 32
526		098 57	106 83	115 08	123 34	131 59	139 84	148 09	156 33	164 58	172 82
527		181 06	189 30	197 54	205 78	214 01	222 25	230 48	238 71	246 94	255 17
528		263 39	271 62	279 84	288 06	296 28	304 50	312 72	320 93	329 14	337 36
529		345 57	353 78	361 98	370 19	378 39	386 60	394 80	403 00	411 20	419 39
530		427 59	435 78	443 97	452 16	460 35	468 54	476 72	484 91	493 09	501 27
531		509 45	517 63	525 81	533 98	542 16	550 33	558 50	566 67	574 83	583 00
532		591 16	599 33	607 49	615 65	623 80	631 96	640 12	648 27	656 42	664 57
533		672 72	680 87	689 01	697 16	705 30	713 44	721 58	729 72	737 86	745 99
534		754 13	762 26	770 39	778 52	786 64	794 77	802 90	811 02	819 14	827 26
535		835 38	843 50	851 61	859 72	867 84	875 95	884 06	892 16	900 27	908 38
536		916 48	924 58	932 68	940 78	948 88	956 97	965 07	973 16	981 25	989 34
537		997 43	*005 52	*013 60	*021 68	*029 77	*037 85	*045 93	*054 00	*062 08	*070 15
538	73	078 23	086 30	094 37	102 44	110 51	118 57	126 63	134 70	142 76	150 82
539		158 88	166 93	174 99	183 04	191 09	199 14	207 19	215 24	223 29	231 33
540		239 38	247 42	255 46	263 50	271 53	279 57	287 60	295 64	303 67	311 70
541		319 73	327 75	335 78	343 80	351 83	359 85	367 87	375 88	383 90	391 92
542		399 93	407 94	415 95	423 96	431 97	439 97	447 98	455 98	463 98	471 98
543		479 98	487 98	495 98	503 97	511 96	519 95	527 94	535 93	543 92	551 91
544		559 89	567 87	575 85	583 83	591 81	599 79	607 76	615 74	623 71	631 68
545		639 65	647 62	655 58	663 55	671 51	679 48	687 44	695 40	703 35	711 31
546		719 26	727 22	735 17	743 12	751 07	759 02	766 96	774 91	782 85	790 79
547		798 73	806 67	814 61	822 54	830 48	838 41	846 34	854 27	862 20	870 13
548		878 06	885 98	893 90	901 82	909 74	917 66	925 58	933 50	941 41	949 32
549		957 23	965 14	973 05	980 96	988 87	996 77	*004 67	*012 57	*020 47	*028 37
550	74	036 27	044 16	052 06	059 95	067 84	075 73	083 62	091 51	099 39	107 28
N	L	0	1	2	3	4	5	6	7	8	9

N	L	0	1	2	3	4	5	6	7	8	9
550	74	036 27	044 16	052 06	059 95	067 84	075 73	083 62	091 51	099 39	107 28
551		115 16	123 04	130 92	138 80	146 68	154 55	162 43	170 30	178 17	186 04
552		193 91	201 77	209 64	217 50	225 37	233 23	241 09	248 95	256 80	264 66
553		272 51	280 37	288 22	296 07	303 92	311 76	319 61	327 45	335 30	343 14
554		350 98	358 82	366 65	374 49	382 32	390 16	397 99	405 82	413 65	421 47
555		429 30	437 12	444 95	452 77	460 59	468 41	476 22	484 04	491 85	499 67
556		507 48	515 29	523 10	530 91	538 71	546 52	554 32	562 12	569 92	577 72
557		585 52	593 32	601 11	608 90	616 70	624 49	632 28	640 06	647 85	655 64
558		663 42	671 20	678 98	686 76	694 54	702 32	710 09	717 87	725 64	733 41
559		741 18	748 95	756 72	764 48	772 25	780 01	787 77	795 53	803 29	811 05
560		818 80	826 56	834 31	842 06	849 81	857 56	865 31	873 06	880 80	888 54
561		896 29	904 03	911 77	919 50	927 24	934 98	942 71	950 44	958 17	965 90
562		973 63	981 36	989 08	996 81	*004 53	*012 25	*019 97	*027 69	*035 41	*043 12
563	75	050 84	058 55	066 26	073 98	081 68	089 39	097 10	104 80	112 51	120 21
564		127 91	135 61	143 31	151 01	158 70	166 39	174 09	181 78	189 47	197 16
565		204 84	212 53	220 22	227 90	235 58	243 26	250 94	258 62	266 29	273 97
566		281 64	289 32	296 99	304 66	312 32	319 99	327 66	335 32	342 98	350 65
567		358 31	365 96	373 62	381 28	388 93	396 59	404 24	411 89	419 54	427 19
568		434 83	442 48	450 12	457 77	465 41	473 05	480 69	488 32	495 96	503 59
569		511 23	518 86	526 49	534 12	541 75	549 37	557 00	564 62	572 24	579 87
570		587 49	595 10	602 72	610 34	617 95	625 56	633 18	640 79	648 40	656 00
571		663 61	671 22	678 82	686 42	694 02	701 62	709 22	716 82	724 42	732 01
572		739 60	747 19	754 79	762 37	769 96	777 55	785 13	792 72	800 30	807 88
573		815 46	823 04	830 62	838 19	845 77	853 34	860 91	868 48	876 05	883 62
574		891 19	898 75	906 32	913 88	921 44	929 00	936 56	944 12	951 68	959 23
575		966 78	974 34	981 89	989 44	996 99	*004 53	*012 08	*019 62	*027 17	*034 71
576	76	042 25	049 79	057 33	064 86	072 40	079 93	087 46	095 00	102 53	110 05
577		117 58	125 11	132 63	140 16	147 68	155 20	162 72	170 24	177 75	185 27
578		192 78	200 30	207 81	215 32	222 83	230 34	237 84	245 35	252 85	260 35
579		267 86	275 36	282 86	290 35	297 85	305 34	312 84	320 33	327 82	335 31
580		342 80	350 29	357 77	365 26	372 74	380 22	387 70	395 18	402 66	410 14
581		417 61	425 09	432 56	440 03	447 50	454 97	462 44	469 91	477 37	484 84
582		492 30	499 76	507 22	514 68	522 14	529 59	537 05	544 50	551 95	559 41
583		566 86	574 30	581 75	589 20	596 64	604 09	611 53	618 97	626 41	633 85
584		641 28	648 72	656 16	663 59	671 02	678 45	685 88	693 31	700 74	708 16
585		715 59	723 01	730 43	737 85	745 27	752 69	760 11	767 52	774 94	782 35
586		789 76	797 17	804 58	811 99	819 40	826 80	834 21	841 61	849 01	856 41
587		863 81	871 21	878 60	886 00	893 39	900 79	908 18	915 57	922 96	930 35
588		937 73	945 12	952 50	959 88	967 27	974 65	982 03	989 40	996 78	*004 16
589	77	011 53	018 90	026 27	033 64	041 01	048 38	055 75	063 11	070 48	077 84
590		085 20	092 56	099 92	107 28	114 63	121 99	129 34	136 70	144 05	151 40
591		158 75	166 10	173 44	180 79	188 13	195 47	202 82	210 16	217 50	224 83
592		232 17	239 51	246 84	254 17	261 50	268 84	276 16	283 49	290 82	298 15
593		305 47	312 79	320 11	327 43	334 75	342 07	349 39	356 70	364 02	371 33
594		378 64	385 96	393 26	400 57	407 88	415 19	422 49	429 79	437 10	444 40
595		451 70	459 00	466 29	473 59	480 88	488 18	495 47	502 76	510 05	517 34
596		524 63	531 91	539 20	546 48	553 76	561 04	568 32	575 60	582 88	590 16
597		597 43	604 71	611 98	619 25	626 52	633 79	641 06	648 33	655 59	662 86
598		670 12	677 38	684 64	691 90	699 16	706 42	713 67	720 93	728 18	735 43
599		742 68	749 93	757 18	764 43	771 67	778 92	786 16	793 40	800 65	807 89
600		815 13	822 36	829 60	836 83	844 07	851 30	858 53	865 76	872 99	880 22
N	L	0	1	2	3	4	5	6	7	8	9

N	L	0	1	2	3	4	5	6	7	8	9
600	77	815 13	822 36	829 60	836 83	844 07	851 30	858 53	865 76	872 99	880 22
601		887 45	894 67	901 90	909 12	916 34	923 56	930 78	938 00	945 22	952 43
602		959 65	966 86	974 08	981 29	988 50	995 71	*002 91	*010 12	*017 32	*024 53
603	78	031 73	038 93	046 13	053 33	060 53	067 73	074 92	082 12	089 31	096 50
604		103 69	110 88	118 07	125 26	132 45	139 63	146 81	154 00	161 18	168 36
605		175 54	182 72	189 89	197 07	204 24	211 41	218 59	225 76	232 93	240 10
606		247 26	254 43	261 59	268 76	275 92	283 08	290 24	297 40	304 56	311 71
607		318 87	326 02	333 18	340 33	347 48	354 63	361 78	368 92	376 07	383 21
608		390 36	397 50	404 64	411 78	418 92	426 06	433 19	440 33	447 46	454 60
609		461 73	468 86	475 99	483 12	490 24	497 37	504 50	511 62	518 74	525 86
610		532 98	540 10	547 22	554 34	561 45	568 57	575 68	582 79	589 90	597 01
611		604 12	611 23	618 33	625 44	632 54	639 65	646 75	653 85	660 95	668 05
612		675 14	682 24	689 33	696 43	703 52	710 61	717 70	724 79	731 88	738 96
613		746 05	753 13	760 21	767 30	774 38	781 46	788 54	795 61	802 69	809 76
614		816 84	823 91	830 98	838 05	845 12	852 19	859 26	866 32	873 39	880 45
615		887 51	894 57	901 63	908 69	915 75	922 81	929 86	936 92	943 97	951 02
616		958 07	965 12	972 17	979 22	986 26	993 31	*000 35	*007 39	*014 44	*021 48
617	79	028 52	035 55	042 59	049 63	056 66	063 70	070 73	077 76	084 79	091 82
618		098 85	105 87	112 90	119 92	126 95	133 97	140 99	148 01	155 03	162 05
619		169 06	176 08	183 09	190 11	197 12	204 13	211 14	218 15	225 16	232 16
620		239 17	246 17	253 18	260 18	267 18	274 18	281 18	288 17	295 17	302 17
621		309 16	316 15	323 14	330 14	337 12	344 11	351 10	358 09	365 07	372 06
622		379 04	386 02	393 00	399 98	406 96	413 94	420 91	427 89	434 86	441 83
623		448 80	455 78	462 74	469 71	476 68	483 65	490 61	497 57	504 54	511 50
624		518 46	525 42	532 38	539 33	546 29	553 24	560 20	567 15	574 10	581 05
625		588 00	594 95	601 90	608 84	615 79	622 73	629 67	636 62	643 56	650 50
626		657 43	664 37	671 31	678 24	685 17	692 11	699 04	705 97	712 90	719 83
627		726 75	733 68	740 60	747 53	754 45	761 37	768 29	775 21	782 13	789 05
628		795 96	802 88	809 79	816 71	823 62	830 53	837 44	844 35	851 25	858 16
629		865 06	871 97	878 87	885 77	892 67	899 57	906 47	913 37	920 27	927 16
630		934 05	940 95	947 84	954 73	961 62	968 51	975 40	982 28	989 17	996 05
631	80	002 94	009 82	016 70	023 58	030 46	037 34	044 21	051 09	057 96	064 84
632		071 71	078 58	085 45	092 32	099 19	106 05	112 92	119 78	126 65	133 51
633		140 37	147 23	154 09	160 95	167 81	174 66	181 52	188 37	195 22	202 08
634		208 93	215 78	222 62	229 47	236 32	243 16	250 01	256 85	263 69	270 53
635		277 37	284 21	291 05	297 89	304 72	311 56	318 39	325 22	332 05	338 88
636		345 71	352 54	359 37	366 19	373 02	379 84	386 66	393 48	400 31	407 12
637		413 94	420 76	427 58	434 39	441 21	448 02	454 83	461 64	468 45	475 26
638		482 07	488 87	495 68	502 48	509 29	516 09	522 89	529 69	536 49	543 29
639		550 09	556 88	563 68	570 47	577 26	584 05	590 85	597 64	604 42	611 21
640		618 00	624 78	631 57	638 35	645 13	651 91	658 69	665 47	672 25	679 03
641		685 80	692 58	699 35	706 12	712 90	719 67	726 44	733 20	739 97	746 74
642		753 50	760 27	767 03	773 79	780 55	787 31	794 07	800 83	807 59	814 34
643		821 10	827 85	834 60	841 36	848 11	854 86	861 60	868 35	875 10	881 84
644		888 59	895 33	902 07	908 81	915 55	922 29	929 03	935 77	942 50	949 24
645		955 97	962 70	969 44	976 17	982 90	989 62	996 35	*003 08	*009 80	*016 53
646	81	023 25	029 97	036 70	043 42	050 13	056 85	063 57	070 29	077 00	083 72
647		090 43	097 14	103 85	110 56	117 27	123 98	130 68	137 39	144 09	150 80
648		157 50	164 20	170 90	177 60	184 30	191 00	197 69	204 39	211 08	217 78
649		224 47	231 16	237 85	244 54	251 23	257 92	264 60	271 29	277 97	284 65
650		291 34	298 02	304 70	311 38	318 05	324 73	331 41	338 08	344 75	351 43
N	L	0	1	2	3	4	5	6	7	8	9

N	L	0	1	2	3	4	5	6	7	8	9
650	81	291 34	298 02	304 70	311 38	318 05	324 73	331 41	338 08	344 75	351 43
651		358 10	364 77	371 44	378 11	384 78	391 44	398 11	404 77	411 44	418 10
652		424 76	431 42	438 08	444 74	451 40	458 05	464 71	471 36	478 01	484 67
653		491 32	497 97	504 62	511 27	517 91	524 56	531 20	537 85	544 49	551 13
654		557 77	564 41	571 05	577 69	584 33	590 97	597 60	604 23	610 87	617 50
655		624 13	630 76	637 39	644 02	650 64	657 27	663 89	670 52	677 14	683 76
656		690 38	697 00	703 62	710 24	716 86	723 47	730 09	736 70	743 31	749 93
657		756 54	763 15	769 76	776 36	782 97	789 58	796 18	802 78	809 39	815 99
658		822 59	829 19	835 79	842 39	848 98	855 58	862 17	868 77	875 36	881 95
659		888 54	895 13	901 72	908 31	914 89	921 48	928 06	934 65	941 23	947 81
660		954 ·9	960 97	967 55	974 13	980 71	987 28	993 86	*000 43	*007 00	*013 58
661	82	020 15	026 72	033 28	039 85	046 42	052 98	059 55	066 11	072 68	079 24
662		085 80	092 36	098 92	105 48	112 03	118 59	125 14	131 70	138 25	144 80
663		151 35	157 90	164 45	171 00	177 55	184 09	190 64	197 18	203 72	210 27
664		216 81	223 35	229 89	236 43	242 96	249 50	256 03	262 57	269 10	275 63
665		282 16	288 69	295 22	301 75	308 28	314 81	321 33	327 86	334 38	340 90
666		347 42	353 94	360 46	366 98	373 50	380 02	386 53	393 05	399 56	406 07
667		412 58	419 09	425 60	432 11	438 62	445 13	451 63	458 14	464 64	471 14
668		477 65	484 15	490 65	497 15	503 64	510 14	516 64	523 13	529 63	536 12
669		542 61	549 10	555 59	562 08	568 57	575 06	581 54	588 03	594 51	601 00
670		607 48	613 96	620 44	626 92	633 40	639 88	646 35	652 83	659 31	665 78
671		672 25	678 72	685 19	691 66	698 13	704 60	711 07	717 53	724 00	730 46
672		736 93	743 39	749 85	756 31	762 77	769 23	775 69	782 14	788 60	795 05
673		801 51	807 96	814 41	820 86	827 31	833 76	840 21	846 65	853 10	859 55
674		865 99	872 43	878 87	885 32	891 76	898 20	904 63	911 07	917 51	923 94
675		930 38	936 81	943 24	949 67	956 11	962 54	968 96	975 39	981 82	988 24
676		994 67	*001 09	*007 52	*013 94	*020 36	*026 78	*033 20	*039 62	*046 04	*052 45
677	83	058 87	065 28	071 69	078 11	084 52	090 93	097 34	103 75	110 16	116 56
678		122 97	129 37	135 78	142 18	148 58	154 99	161 39	167 78	174 18	180 58
679		186 98	193 37	199 77	206 16	212 55	218 95	225 34	231 73	238 12	244 50
680		250 89	257 28	263 66	270 05	276 43	282 81	289 19	295 58	301 95	308 33
681		314 71	321 09	327 46	333 84	340 21	346 59	352 96	359 33	365 70	372 07
682		378 44	384 80	391 17	397 54	403 90	410 27	416 63	422 99	429 35	435 71
683		442 07	448 43	454 79	461 14	467 50	473 85	480 21	486 56	492 91	499 26
684		505 61	511 96	518 31	524 65	531 00	537 35	543 69	550 03	556 38	562 72
685		569 06	575 40	581 74	588 07	594 41	600 75	607 08	613 41	619 75	626 08
686		632 41	638 74	645 07	651 40	657 73	664 05	670 38	676 70	683 03	689 35
687		695 67	701 99	708 32	714 63	720 95	727 27	733 59	739 90	746 22	752 53
688		758 84	765 16	771 47	777 78	784 09	790 39	796 70	803 01	809 31	815 62
689		821 92	828 22	834 53	840 83	847 13	853 43	859 73	866 02	872 32	878 61
690		884 91	891 20	897 50	903 79	910 08	916 37	922 66	928 95	935 23	941 52
691		947 80	954 09	960 37	966 66	972 94	979 22	985 50	991 78	998 06	*004 33
692	84	010 61	016 88	023 16	029 43	035 71	041 98	048 25	054 52	060 79	067 06
693		073 32	079 59	085 86	092 12	098 38	104 65	110 91	117 17	123 43	129 69
694		135 95	142 20	148 46	154 72	160 97	167 23	173 48	179 73	185 98	192 23
695		198 48	204 73	210 98	217 22	223 47	229 71	235 96	242 20	248 44	254 68
696		260 92	267 16	273 40	279 64	285 88	292 11	298 35	304 58	310 81	317 05
697		323 28	329 51	335 74	341 97	348 19	354 42	360 65	366 87	373 10	379 32
698		385 54	391 76	397 98	404 20	410 42	416 64	422 86	429 07	435 29	441 50
699		447 72	453 93	460 14	466 35	472 56	478 77	484 98	491 19	497 39	503 60
700		509 80	516 01	522 21	528 41	534 61	540 81	547 01	553 21	559 41	565 61
N	L	0	1	2	3	4	5	6	7	8	9

N	L	0	1	2	3	4	5	6	7	8	9
700	84	509 80	516 01	522 21	528 41	534 61	540 81	547 01	553 21	559 41	565 61
701		571 80	578 00	584 19	590 38	596 58	602 77	608 96	615 15	621 34	627 52
702		633 71	639 90	646 08	652 27	658 45	664 63	670 81	677 00	683 18	689 35
703		695 53	701 71	707 89	714 06	720 24	726 41	732 58	738 76	744 93	751 10
704		757 27	763 43	769 60	775 77	781 93	788 10	794 26	800 43	806 59	812 75
705		818 91	825 07	831 23	837 39	843 55	849 70	855 86	862 01	868 17	874 32
706		880 47	886 62	892 77	898 92	905 07	911 22	917 36	923 51	929 65	935 80
707		941 94	948 08	954 23	960 37	966 51	972 64	978 78	984 92	991 06	997 19
708	85	003 33	009 46	015 59	021 72	027 86	033 99	040 11	046 24	052 37	058 50
709		064 62	070 75	076 87	083 00	089 12	095 24	101 36	107 48	113 60	119 72
710		125 83	131 95	138 07	144 18	150 30	156 41	162 52	168 63	174 74	180 85
711		186 96	193 07	199 17	205 28	211 39	217 49	223 59	229 70	235 80	241 90
712		248 00	254 10	260 20	266 29	272 39	278 49	284 58	290 68	296 77	302 86
713		308 95	315 04	321 13	327 22	333 31	339 40	345 48	351 57	357 65	363 74
714		369 82	375 90	381 98	388 07	394 14	400 22	406 30	412 38	418 45	424 53
715		430 60	436 68	442 75	448 82	454 89	460 96	467 03	473 10	479 17	485 24
716		491 30	497 37	503 43	509 50	515 56	521 62	527 68	533 74	539 80	545 86
717		551 92	557 97	564 03	570 08	576 14	582 19	588 24	594 29	600 35	606 40
718		612 44	618 49	624 54	630 59	636 63	642 68	648 72	654 76	660 81	666 85
719		672 89	678 93	684 97	691 01	697 04	703 08	709 12	715 15	721 18	727 22
720		733 25	739 28	745 31	751 34	757 37	763 40	769 43	775 45	781 48	787 50
721		793 53	799 55	805 57	811 59	817 61	823 63	829 65	835 67	841 69	847 70
722		853 72	859 73	865 75	871 76	877 77	883 79	889 80	895 81	901 81	907 82
723		913 83	919 84	925 84	931 85	937 85	943 85	949 86	955 86	961 86	967 86
724		973 86	979 85	985 85	991 85	997 84	*003 84	*009 83	*015 83	*021 82	*027 81
725	86	033 80	039 79	045 78	051 77	057 76	063 74	069 73	075 71	081 70	087 68
726		093 66	099 64	105 62	111 60	117 58	123 56	129 54	135 52	141 49	147 47
727		153 44	159 41	165 39	171 36	177 33	183 30	189 27	195 24	202 21	207 17
728		213 14	219 10	225 07	231 03	236 99	242 96	248 92	254 88	260 84	266 80
729		272 75	278 71	284 67	290 62	296 58	302 53	308 48	314 43	320 39	326 34
730		332 29	338 23	344 18	350 13	356 08	362 02	367 97	373 91	379 85	385 80
731		391 74	397 68	403 62	409 56	415 50	421 43	427 37	433 31	439 24	445 17
732		451 11	457 04	462 97	468 90	474 83	480 76	486 69	492 62	498 55	504 47
733		510 40	516 32	522 25	528 17	534 09	540 01	545 93	551 85	557 77	563 69
734		569 61	575 52	581 44	587 35	593 27	599 18	605 09	611 00	616 91	622 82
735		628 73	634 64	640 55	646 46	652 36	658 27	664 17	670 08	675 98	681 88
736		687 78	693 68	699 58	705 48	711 38	717 28	723 17	729 07	734 96	740 86
737		746 75	752 64	758 53	764 42	770 31	776 20	782 09	787 98	793 87	799 75
738		805 64	811 52	817 40	823 29	829 17	835 05	840 93	846 81	852 69	858 57
739		864 44	870 32	876 20	882 07	887 94	893 82	899 69	905 56	911 43	917 30
740		923 17	929 04	934 91	940 77	946 64	952 51	958 37	964 23	970 10	975 96
741		981 82	987 68	993 54	999 40	*005 26	*011 12	*016 97	*022 83	*028 68	*034 54
742	87	040 39	046 24	052 10	057 95	063 80	069 65	075 49	081 34	087 19	093 04
743		098 88	104 73	110 57	116 41	122 26	128 10	133 94	139 78	145 62	151 46
744		157 29	163 13	168 97	174 80	180 64	186 47	192 30	198 14	203 97	209 80
745		215 63	221 46	227 28	233 11	238 94	244 76	250 59	256 41	262 24	268 06
746		273 88	279 70	285 52	291 34	297 16	302 98	308 80	314 62	320 43	326 25
747		332 06	337 87	343 69	349 50	355 31	361 12	366 93	372 74	378 55	384 35
748		390 16	395 97	401 77	407 57	413 38	419 18	424 98	430 78	436 58	442 38
749		448 18	453 98	459 78	465 57	471 37	477 16	482 96	488 75	494 54	500 34
750		506 13	511 92	517 71	523 49	529 28	535 07	540 86	546 64	552 43	558 21
N	L	0	1	2	3	4	5	6	7	8	9

N	L	0	1	2	3	4	5	6	7	8	9
750	87	506 13	511 92	517 71	523 49	529 28	535 07	540 86	546 64	552 43	558 21
751		563 99	569 78	575 56	581 34	587 12	592 90	598 68	604 46	610 23	616 01
752		621 78	627 56	633 33	639 11	644 88	650 65	656 42	662 19	667 96	673 73
753		679 50	685 26	691 03	696 80	702 56	708 33	714 09	719 85	725 61	731 37
754		737 13	742 89	748 65	754 41	760 17	765 92	771 68	777 43	783 19	788 94
755		794 70	800 45	806 20	811 95	817 70	823 45	829 19	834 94	840 69	846 43
756		852 18	857 92	863 67	869 41	875 15	880 89	886 63	892 37	898 11	903 85
757		909 59	915 32	921 06	926 80	932 53	938 26	944 00	949 73	955 46	961 19
758		966 92	972 65	978 38	984 11	989 83	995 56	*001 28	*007 01	*012 73	*018 46
759	88	024 18	029 90	035 62	041 34	047 06	052 78	058 50	064 21	069 93	075 64
760		081 36	087 07	092 79	098 50	104 21	109 92	115 63	121 34	127 05	132 76
761		138 47	144 17	149 88	155 58	161 29	166 99	172 69	178 40	184 10	189 80
762		195 50	201 20	206 89	212 59	218 29	223 98	229 68	235 37	241 07	246 76
763		252 45	258 15	263 84	269 53	275 22	280 90	286 59	292 28	297 97	303 65
764		309 34	315 02	320 70	326 39	332 07	337 75	343 43	349 11	354 79	360 47
765		366 14	371 82	377 50	383 17	388 85	394 52	400 19	405 86	411 54	417 21
766		422 88	428 55	434 21	439 88	445 55	451 22	456 88	462 55	468 21	473 87
767		479 54	485 20	490 86	496 52	502 18	507 84	513 50	519 15	524 81	530 47
768		536 12	541 78	547 43	553 08	558 74	564 39	570 04	575 69	581 34	586 99
769		592 63	598 28	603 93	609 57	615 22	620 86	626 51	632 15	637 79	643 43
770		649 07	654 71	660 35	665 99	671 63	677 26	682 90	688 54	694 17	699 80
771		705 44	711 07	716 70	722 33	727 96	733 59	739 22	744 85	750 48	756 10
772		761 73	767 36	772 98	778 60	784 23	789 85	795 47	801 09	806 71	812 33
773		817 95	823 57	829 18	834 80	840 42	846 03	851 65	857 26	862 87	868 48
774		874 10	879 71	885 32	890 93	896 53	902 14	907 75	913 36	918 96	924 57
775		930 17	935 77	941 38	946 98	952 58	958 18	963 78	969 38	974 98	980 58
776		986 17	991 77	997 36	*002 96	*008 55	*014 15	*019 74	*025 33	*030 92	*036 51
777	89	042 10	047 69	053 28	058 87	064 45	070 04	075 63	081 21	086 79	092 38
778		097 96	103 54	109 12	114 70	120 28	125 86	131 44	137 02	142 59	148 17
779		153 75	159 32	164 89	170 47	176 04	181 61	187 18	192 75	198 32	203 89
780		209 46	215 03	220 59	226 16	231 73	237 29	242 85	248 42	253 98	259 54
781		265 10	270 66	276 22	281 78	287 34	292 90	298 46	304 01	309 57	315 12
782		320 68	326 23	331 78	337 33	342 88	348 43	353 98	359 53	365 08	370 63
783		376 18	381 72	387 27	392 81	398 36	403 90	409 44	414 98	420 53	426 07
784		431 61	437 15	442 68	448 22	453 76	459 29	464 83	470 37	475 90	481 43
785		486 97	492 50	498 03	503 56	509 09	514 62	520 15	525 68	531 20	536 73
786		542 25	547 78	553 30	558 83	564 35	569 87	575 39	580 92	586 44	591 95
787		597 47	602 99	608 51	614 03	619 54	625 06	630 57	636 08	641 60	647 11
788		652 62	658 13	663 64	669 15	674 66	680 17	685 68	691 18	696 69	702 20
789		707 70	713 20	718 71	724 21	729 71	735 21	740 71	746 21	751 71	757 21
790		762 71	768 21	773 70	779 20	784 69	790 19	795 68	801 17	806 67	812 16
791		817 65	823 14	828 63	834 12	839 60	845 09	850 58	856 06	861 55	867 03
792		872 52	878 00	883 48	888 97	894 45	899 93	905 41	910 89	916 36	921 84
793		927 32	932 79	938 27	943 75	949 22	954 69	960 17	965 64	971 11	976 58
794		982 05	987 52	992 99	998 46	*003 92	*009 39	*014 86	*020 32	*025 79	*031 25
795	90	036 71	042 18	047 64	053 10	058 56	064 02	069 48	074 94	080 39	085 85
796		091 31	096 76	102 22	107 67	113 13	118 58	124 03	129 48	134 93	140 38
797		145 83	151 28	156 73	162 18	167 62	173 07	178 51	183 96	189 40	194 85
798		200 29	205 73	211 17	216 61	222 05	227 49	232 93	238 37	243 81	249 24
799		254 68	260 11	265 55	270 98	276 41	281 85	287 28	292 71	298 14	303 57
800		309 00	314 43	319 85	325 28	330 71	336 13	341 56	346 98	352 41	357 83
N	L	0	1	2	3	4	5	6	7	8	9

N	L	0	1	2	3	4	5	6	7	8	9
800	90	309 00	314 43	319 85	325 28	330 71	336 13	341 56	346 98	352 41	357 83
801		363 25	368 67	374 09	379 51	384 93	390 35	395 77	401 19	406 61	412 02
802		417 44	422 85	428 27	433 68	439 09	444 50	449 92	455 33	460 74	466 15
803		471 55	476 96	482 37	487 78	493 18	498 59	503 99	509 40	514 80	520 20
804		525 60	531 01	536 41	541 81	547 21	552 60	558 00	563 40	568 80	574 19
805		579 59	584 98	590 38	595 77	601 16	606 55	611 95	617 34	622 73	628 12
806		633 50	638 89	644 28	649 67	655 05	660 44	665 82	671 21	676 59	681 97
807		687 35	692 73	698 12	703 50	708 87	714 25	719 63	725 01	730 38	735 76
808		741 14	746 51	751 88	757 26	762 63	768 00	773 37	778 74	784 11	789 48
809		794 85	800 22	805 59	810 95	816 32	821 69	827 05	832 41	837 78	843 14
810		848 50	853 86	859 22	864 58	869 94	875 30	880 66	886 02	891 37	896 73
811		902 09	907 44	912 79	918 15	923 50	928 85	934 20	939 55	944 90	950 25
812		955 60	960 95	966 30	971 65	976 99	982 34	987 68	993 03	998 37	*003 71
813	91	009 05	014 40	019 74	025 08	030 42	035 76	041 09	046 43	051 77	057 10
814		062 44	067 78	073 11	078 44	083 78	089 11	094 44	099 77	105 10	110 43
815		115 76	121 09	126 42	131 74	137 07	142 40	147 72	153 05	158 37	163 69
816		169 02	174 34	179 66	184 98	190 30	195 62	200 94	206 26	211 57	216 89
817		222 21	227 52	232 84	238 15	243 46	248 78	254 09	259 40	264 71	270 02
818		275 33	280 64	285 95	291 26	296 56	301 87	307 17	312 48	317 78	323 09
819		328 39	333 69	338 99	344 30	349 60	354 90	360 19	365 49	370 79	376 09
820		381 39	386 68	391 98	397 27	402 57	407 86	413 15	418 44	423 73	429 03
821		434 32	439 61	444 89	450 18	455 47	460 76	466 04	471 33	476 61	481 90
822		487 18	492 46	497 75	503 03	508 31	513 59	518 87	524 15	529 43	534 71
823		539 98	545 26	550 54	555 81	561 09	566 36	571 63	576 91	582 18	587 45
824		592 72	597 99	603 26	608 53	613 80	619 07	624 33	629 60	634 87	640 13
825		645 39	650 66	655 92	661 18	666 45	671 71	676 97	682 23	687 49	692 75
826		698 00	703 26	708 52	713 78	719 03	724 29	729 54	734 79	740 05	745 30
827		750 55	755 80	761 05	766 30	771 55	776 80	782 05	787 30	792 54	797 79
828		803 03	808 28	813 52	818 77	824 01	829 25	834 49	839 73	844 97	850 21
829		855 45	860 69	865 93	871 17	876 40	881 64	886 87	892 11	897 34	902 58
830		907 81	913 04	918 27	923 50	928 73	933 96	939 19	944 42	949 65	954 88
831		960 10	965 33	970 55	975 78	981 00	986 23	991 45	996 67	*001 89	*007 11
832	92	012 33	017 55	022 77	027 99	033 21	038 42	043 64	048 86	054 07	059 29
833		064 50	069 71	074 93	080 14	085 35	090 56	095 77	100 98	106 19	111 40
834		116 61	121 81	127 02	132 22	137 43	142 63	147 84	153 04	158 24	163 45
835		168 65	173 85	179 05	184 25	189 45	194 65	199 84	205 04	210 24	215 43
836		220 63	225 82	231 02	236 21	241 40	246 59	251 79	256 98	262 17	267 36
837		272 55	277 73	282 92	288 11	293 30	298 48	303 67	308 85	314 04	319 22
838		324 40	329 58	334 77	339 95	345 13	350 31	355 49	360 66	365 84	371 02
839		376 20	381 37	386 55	391 72	396 90	402 07	407 24	412 42	417 59	422 76
840		427 93	433 10	438 27	443 44	448 60	453 77	458 94	464 10	469 27	474 44
841		479 60	484 76	489 93	495 09	500 25	505 41	510 57	515 73	520 89	526 05
842		531 21	536 37	541 52	546 68	551 84	556 99	562 15	567 30	572 45	577 61
843		582 76	587 91	593 06	598 21	603 36	608 51	613 66	618 80	623 95	629 10
844		634 24	639 39	644 53	649 68	654 82	659 97	665 11	670 25	675 39	680 53
845		685 67	690 81	695 95	701 09	706 22	711 36	716 50	721 63	726 77	731 90
846		737 04	742 17	747 30	752 43	757 57	762 70	767 83	772 96	778 08	783 21
847		788 34	793 47	798 59	803 72	808 85	813 97	819 09	824 22	829 34	834 46
848		839 59	844 71	849 83	854 95	860 07	865 18	870 30	875 42	880 54	885 65
849		890 77	895 88	901 00	906 11	911 23	916 34	921 45	926 56	931 67	936 78
850		941 89	947 00	952 11	957 22	962 33	967 43	972 54	977 64	982 75	987 85
N	L	0	1	2	3	4	5	6	7	8	9

N	L	0	1	2	3	4	5	6	7	8	9
850	92	941 89	947 00	952 11	957 22	962 33	967 43	972 54	977 64	982 75	987 85
851		992 96	998 06	*003 16	*008 26	*013 36	*018 47	*023 57	*028 66	*033 76	*038 86
852	93	043 96	049 06	054 15	059 25	064 34	069 44	074 53	079 63	084 72	089 81
853		094 90	099 99	105 08	110 17	115 26	120 35	125 44	130 53	135 62	140 70
854		145 79	150 87	155 96	161 04	166 12	171 21	176 29	181 37	186 45	191 53
855		196 61	201 69	206 77	211 85	216 92	222 00	227 08	232 15	237 23	242 30
856		247 38	252 45	257 52	262 59	267 67	272 74	277 81	282 88	287 95	293 01
857		298 08	303 15	308 22	313 28	318 35	323 41	328 48	333 54	338 60	343 67
858		348 73	353 79	358 85	363 91	368 97	374 03	379 09	384 15	389 20	394 26
859		399 32	404 37	409 43	414 48	419 53	424 59	429 64	434 69	439 74	444 79
860		449 85	454 89	459 94	464 99	470 04	475 09	480 13	485 18	490 23	495 27
861		500 32	505 36	510 40	515 44	520 49	525 53	530 57	535 61	540 65	545 69
862		550 73	555 76	560 80	565 84	570 87	575 91	580 95	585 98	591 01	596 05
863		601 08	606 11	611 14	616 17	621 20	626 23	631 26	636 29	641 32	646 35
864		651 37	656 40	661 43	666 45	671 48	676 50	681 52	686 55	691 57	696 59
865		701 61	706 63	711 65	716 67	721 69	726 71	731 72	736 74	741 76	746 77
866		751 79	756 80	761 82	766 83	771 84	776 86	781 87	786 88	791 89	796 90
867		801 91	806 92	811 93	816 93	821 94	826 95	831 95	836 96	841 96	846 97
868		851 97	856 98	861 98	866 98	871 98	876 98	881 98	886 98	891 98	896 98
869		901 98	906 97	911 97	916 97	921 96	926 96	931 95	936 95	941 94	946 93
870		951 93	956 92	961 91	966 90	971 89	976 88	981 87	986 85	991 84	996 83
871	94	001 82	006 80	011 79	016 77	021 76	026 74	031 72	036 70	041 69	046 67
872		051 65	056 63	061 61	066 59	071 57	076 54	081 52	086 50	091 47	096 45
873		101 42	106 40	111 37	116 35	121 32	126 29	131 26	136 23	141 20	146 17
874		151 14	156 11	161 08	166 05	171 01	175 98	180 95	185 91	190 88	195 84
875		200 81	205 77	210 73	215 69	220 65	225 62	230 58	235 53	240 49	245 45
876		250 41	255 37	260 32	265 28	270 24	275 19	280 15	285 10	290 05	295 01
877		299 96	304 91	309 86	314 81	319 76	324 71	329 66	334 61	339 56	344 50
878		349 45	354 40	359 34	364 29	369 23	374 18	379 12	384 06	389 00	393 95
879		398 89	403 83	408 77	413 71	418 65	423 58	428 52	433 46	438 40	443 33
880		448 27	453 20	458 14	463 07	468 00	472 94	477 87	482 80	487 73	492 66
881		497 59	502 52	507 45	512 38	517 30	522 23	527 16	532 08	537 01	541 93
882		546 86	551 78	556 71	561 63	566 55	571 47	576 39	581 31	586 23	591 15
883		596 07	600 99	605 91	610 82	615 74	620 66	625 57	630 49	635 40	640 31
884		645 23	650 14	655 05	659 96	664 87	669 78	674 69	679 60	684 51	689 42
885		694 33	699 23	704 14	709 05	713 95	718 86	723 76	728 66	733 57	738 47
886		743 37	748 27	753 17	758 07	762 97	767 87	772 77	777 67	782 57	787 47
887		792 36	797 26	802 15	807 05	811 94	816 84	821 73	826 62	831 51	836 41
888		841 30	846 19	851 08	855 97	860 85	865 74	870 63	875 52	880 40	885 29
889		890 18	895 06	899 95	904 83	909 71	914 60	919 48	924 36	929 24	934 12
890		939 00	943 88	948 76	953 64	958 52	963 39	968 27	973 15	978 02	982 90
891		987 77	992 64	997 52	*002 39	*007 26	*012 13	*017 01	*021 88	*026 75	*031 62
892	95	036 49	041 35	046 22	051 09	055 96	060 82	065 69	070 55	075 42	080 28
893		085 15	090 01	094 87	099 73	104 59	109 46	114 32	119 18	124 04	128 89
894		133 75	138 61	143 47	148 32	153 18	158 03	162 89	167 74	172 60	177 45
895		182 30	187 16	192 01	196 86	201 71	206 56	211 41	216 26	221 11	225 95
896		230 80	235 65	240 49	245 34	250 18	255 03	259 87	264 72	269 56	274 40
897		279 24	284 09	288 93	293 77	298 61	303 45	308 28	313 12	317 96	322 80
898		327 63	332 47	337 31	342 14	346 97	351 81	356 64	361 47	366 31	371 14
899		375 97	380 80	385 63	390 46	395 29	400 12	404 94	409 77	414 60	419 43
900		424 25	429 08	433 90	438 73	443 55	448 37	453 19	458 02	462 84	467 66
N	L	0	1	2	3	4	5	6	7	8	9

N	L	0	1	2	3	4	5	6	7	8	9
900	95	424 25	429 08	433 90	438 73	443 55	448 37	453 19	458 02	462 84	467 66
901		472 48	477 30	482 12	486 94	491 76	496 57	501 39	506 21	511 02	515 84
902		520 65	525 47	530 28	535 10	539 91	544 72	549 53	554 34	559 16	563 97
903		568 78	573 58	578 39	583 20	588 01	592 82	597 62	602 43	607 23	612 04
904		616 84	621 65	626 45	631 25	636 06	640 86	645 66	650 46	655 26	660 06
905		664 86	669 66	674 45	679 25	684 05	688 85	693 64	698 44	703 23	708 03
906		712 82	717 61	722 41	727 20	731 99	736 78	741 57	746 36	751 15	755 94
907		760 73	765 52	770 30	775 09	779 88	784 66	789 45	794 23	799 02	803 80
908		808 58	813 37	818 15	822 93	827 71	832 49	837 27	842 05	846 83	851 61
909		856 39	861 17	865 94	870 72	875 49	880 27	885 05	889 82	894 59	899 37
910		904 14	908 91	913 68	918 45	923 22	928 00	932 76	937 53	942 30	947 07
911		951 84	956 60	961 37	966 14	970 90	975 67	980 43	985 20	989 96	994 72
912		999 48	*004 25	*009 01	*013 77	*018 53	*023 29	*028 05	*032 81	*037 56	*042 32
913	96	047 08	051 83	056 59	061 35	066 10	070 86	075 61	080 36	085 12	089 87
914		094 62	099 37	104 12	108 87	113 62	118 37	123 12	127 87	132 62	137 36
915		142 11	146 86	151 60	156 35	161 09	165 83	170 58	175 32	180 06	184 81
916		189 55	194 29	199 03	203 77	208 51	213 25	217 99	222 72	227 46	232 20
917		236 93	241 67	246 40	251 14	255 87	260 61	265 34	270 07	274 81	279 54
918		284 27	289 00	293 73	298 46	303 19	307 92	312 64	317 37	322 10	326 83
919		331 55	336 28	341 00	345 73	350 45	355 17	359 90	364 62	369 34	374 06
920		378 78	383 50	388 22	392 94	397 66	402 38	407 10	411 81	416 53	421 25
921		425 96	430 68	435 39	440 11	444 82	449 53	454 25	458 96	463 67	468 38
922		473 09	477 80	482 51	487 22	491 93	496 64	501 35	506 05	510 76	515 46
923		520 17	524 88	529 58	534 28	538 99	543 69	548 39	553 09	557 80	562 50
924		567 20	571 90	576 60	581 30	585 99	590 69	595 39	600 09	604 78	609 48
925		614 17	618 87	623 56	628 26	632 95	637 64	642 33	647 03	651 72	656 41
926		661 10	665 79	670 48	675 17	679 85	684 54	689 23	693 92	698 60	703 29
927		707 97	712 66	717 34	722 03	726 71	731 39	736 07	740 76	745 44	750 12
928		754 80	759 48	764 16	768 84	773 51	778 19	782 87	787 54	792 22	796 90
929		801 57	806 25	810 92	815 59	820 27	824 94	829 61	834 28	838 95	843 62
930		848 29	852 96	857 63	862 30	866 97	871 64	876 30	880 97	885 64	890 30
931		894 97	899 63	904 30	908 96	913 62	918 29	922 95	927 61	932 27	936 93
932		941 59	946 25	950 91	955 57	960 23	964 88	969 54	974 20	978 85	983 51
933		988 16	992 82	997 47	*002 13	*006 78	*011 43	*016 08	*020 74	*025 39	*030 04
934	97	034 69	039 34	043 99	048 63	053 28	057 93	062 58	067 22	071 87	076 52
935		081 16	085 81	090 45	095 09	099 74	104 38	109 02	113 66	118 30	122 94
936		127 58	132 22	136 86	141 50	146 14	150 78	155 42	160 05	164 69	169 32
937		173 96	178 59	183 23	187 86	192 49	197 13	201 76	206 39	211 02	215 65
938		220 28	224 91	229 54	234 17	238 80	243 43	248 05	252 68	257 31	261 93
939		266 56	271 18	275 81	280 43	285 06	289 68	294 30	298 92	303 54	308 16
940		312 79	317 41	322 02	326 64	331 26	335 88	340 50	345 11	349 73	354 35
941		358 96	363 58	368 19	372 81	377 42	382 03	386 64	391 26	395 87	400 48
942		405 09	409 70	414 31	418 92	423 53	428 14	432 74	437 35	441 96	446 56
943		451 17	455 77	460 38	464 98	469 59	474 19	478 79	483 40	488 00	492 60
944		497 20	501 80	506 40	511 00	515 60	520 20	524 79	529 39	533 99	538 58
945		543 18	547 78	552 37	556 97	561 56	566 15	570 75	575 34	579 93	584 52
946		589 11	593 70	598 29	602 88	607 47	612 06	616 65	621 24	625 82	630 41
947		635 00	639 58	644 17	648 75	653 34	657 92	662 51	667 09	671 67	676 25
948		680 83	685 41	690 00	694 58	699 15	703 73	708 31	712 89	717 47	722 04
949		726 62	731 20	735 77	740 35	744 92	749 50	754 07	758 64	763 22	767 79
950		772 36	776 93	781 50	786 07	790 64	795 21	799 78	804 35	808 92	813 48
N	L	0	1	2	3	4	5	6	7	8	9

N	L	0	1	2	3	4	5	6	7	8	9
950	97	772 36	776 93	781 50	786 07	790 64	795 21	799 78	804 35	808 92	813 48
951		818 05	822 62	827 18	831 75	836 31	840 88	845 44	850 01	854 57	859 13
952		863 69	868 26	872 82	877 38	881 94	886 50	891 06	895 62	900 17	904 73
953		909 29	913 85	918 40	922 96	927 51	932 07	936 62	941 18	945 73	950 28
954		954 84	959 39	963 94	968 49	973 04	977 59	982 14	986 69	991 24	995 79
955	98	000 34	004 88	009 43	013 98	018 52	023 07	027 61	032 16	036 70	041 25
956		045 79	050 33	054 87	059 42	063 96	068 50	073 04	077 58	082 12	086 66
957		091 19	095 73	100 27	104 81	109 34	113 88	118 41	122 95	127 48	132 02
958		136 55	141 08	145 62	150 15	154 68	159 21	163 74	168 27	172 80	177 33
959		181 86	186 39	190 92	195 44	199 97	204 50	209 02	213 55	218 07	222 60
960		227 12	231 65	236 17	240 69	245 22	249 74	254 26	258 78	263 30	267 82
961		272 34	276 86	281 38	285 89	290 41	294 93	299 45	303 96	308 48	312 99
962		317 51	322 02	326 54	331 05	335 56	340 07	344 59	349 10	353 61	358 12
963		362 63	367 14	371 65	376 16	380 66	385 17	389 68	394 19	398 69	403 20
964		407 70	412 21	416 71	421 22	425 72	430 22	434 73	439 23	443 73	448 23
965		452 73	457 23	461 73	466 23	470 73	475 23	479 73	484 22	488 72	493 22
966		497 71	502 21	506 70	511 20	515 69	520 19	524 68	529 17	533 66	538 16
967		542 65	547 14	551 63	556 12	560 61	565 10	569 59	574 07	578 56	583 05
968		587 54	592 02	596 51	600 99	605 48	609 96	614 45	618 93	623 41	627 90
969		632 38	636 86	641 34	645 82	650 30	654 78	659 26	663 74	668 22	672 70
970		677 17	681 65	686 13	690 60	695 08	699 55	704 03	708 50	712 98	717 45
971		721 92	726 40	730 87	735 34	739 81	744 28	748 75	753 22	757 69	762 16
972		766 63	771 09	775 56	780 03	784 50	788 96	793 43	797 89	802 36	806 82
973		811 28	815 75	820 21	824 67	829 13	833 60	838 06	842 52	846 98	851 44
974		855 90	860 35	864 81	869 27	873 73	878 18	882 64	887 10	891 55	896 01
975		900 46	904 92	909 37	913 82	918 28	922 73	927 18	931 63	936 08	940 53
976		944 98	949 43	953 88	958 33	962 78	967 22	971 67	976 12	980 57	985 01
977		989 46	993 90	998 35	*002 79	*007 23	*011 68	*016 12	*020 56	*025 00	*029 44
978	99	033 89	038 33	042 77	047 21	051 64	056 08	060 52	064 96	069 40	073 83
979		078 27	082 71	087 14	091 58	096 01	100 44	104 88	109 31	113 74	118 18
980		122 61	127 04	131 47	135 90	140 33	144 76	149 19	153 62	158 05	162 47
981		166 90	171 33	175 75	180 18	184 61	189 03	193 45	197 88	202 30	206 73
982		211 15	215 57	219 99	224 41	228 84	233 26	237 68	242 10	246 51	250 93
983		255 35	259 77	264 19	268 60	273 02	277 44	281 85	286 27	290 68	295 10
984		299 51	303 92	308 34	312 75	317 16	321 57	325 98	330 39	334 80	339 21
985		343 62	348 03	352 44	356 85	361 26	365 66	370 07	374 48	378 88	383 29
986		387 69	392 10	396 50	400 90	405 31	409 71	414 11	418 51	422 91	427 31
987		431 72	436 12	440 51	444 91	449 31	453 71	458 11	462 51	466 90	471 30
988		475 69	480 09	484 48	488 88	493 27	497 67	502 06	506 45	510 85	515 24
989		519 63	524 02	528 41	532 80	537 19	541 58	545 97	550 36	554 74	559 13
990		563 52	567 91	572 29	576 68	581 06	585 45	589 83	594 22	598 60	602 98
991		607 37	611 75	616 13	620 51	624 89	629 27	633 65	638 03	642 41	646 79
992		651 17	655 54	659 92	664 30	668 68	673 05	677 43	681 80	686 18	690 55
993		694 92	699 30	703 67	708 04	712 42	716 79	721 16	725 53	729 90	734 27
994		738 64	743 01	747 38	751 74	756 11	760 48	764 85	769 21	773 58	777 94
995		782 31	786 67	791 04	795 40	799 76	804 13	808 49	812 85	817 21	821 57
996		825 93	830 29	834 65	839 01	843 37	847 73	852 09	856 45	860 80	865 16
997		869 52	873 87	878 23	882 58	886 94	891 29	895 64	900 00	904 35	908 70
998		913 05	917 41	921 76	926 11	930 46	934 81	939 16	943 50	947 85	952 20
999		956 55	960 90	965 24	969 59	973 93	978 28	982 62	986 97	991 31	995 66
1000	00	000 00	004 34	008 69	013 03	017 37	021 71	026 05	030 39	034 73	039 07
N	L	0	1	2	3	4	5	6	7	8	9

N	L 0	1	2	3	4	5	6	7	8	9	Δ
0	—	0000	3010	4771	6021	6990	7782	8451	9031	9542	
1	0000	0414	0792	1139	1461	1761	2041	2304	2553	2788	414—235
2	3010	3222	3424	3617	3802	3979	4150	4314	4472	4624	212—152
3	4771	4914	5051	5185	5315	5441	5563	5682	5798	5911	143—113
4	6021	6128	6232	6335	6435	6532	6628	6721	6812	6902	107—90
5	6990	7076	7160	7243	7324	7404	7482	7559	7634	7709	86—75
6	7782	7853	7924	7993	8062	8129	8195	8261	8325	8388	71—63
7	8451	8513	8573	8633	8692	8751	8808	8865	8921	8976	62—55
8	9031	9085	9138	9191	9243	9294	9345	9395	9445	9494	54—49
9	9542	9590	9638	9685	9731	9777	9823	9868	9912	9956	48—44
10	0000	0043	0086	0128	0170	0212	0253	0294	0334	0374	43—40
11	0414	0453	0492	0531	0569	0607	0645	0682	0719	0755	39—36
12	0792	0828	0864	0899	0934	0969	1004	1038	1072	1106	36—34
13	1139	1173	1206	1239	1271	1303	1335	1367	1399	1430	34—31
14	1461	1492	1523	1553	1584	1614	1644	1673	1703	1732	31—29
15	1761	1790	1818	1847	1875	1903	1931	1959	1987	2014	29—27
16	2041	2068	2095	2122	2148	2175	2201	2227	2253	2279	27—26
17	2304	2330	2355	2380	2405	2430	2455	2480	2504	2529	26—24
18	2553	2577	2601	2625	2648	2672	2695	2718	2742	2765	24—23
19	2788	2810	2833	2856	2878	2900	2923	2945	2967	2989	23—22
20	3010	3032	3054	3075	3096	3118	3139	3160	3181	3201	22—20
21	3222	3243	3263	3284	3304	3324	3345	3365	3385	3404	21—19
22	3424	3444	3464	3483	3502	3522	3541	3560	3579	3598	20—19
23	3617	3636	3655	3674	3692	3711	3729	3747	3766	3784	19—18
24	3802	3820	3838	3856	3874	3892	3909	3927	3945	3962	18—17
25	3979	3997	4014	4031	4048	4065	4082	4099	4116	4133	18—17
26	4150	4166	4183	4200	4216	4232	4249	4265	4281	4298	17—16
27	4314	4330	4346	4362	4378	4393	4409	4425	4440	4456	16—15
28	4472	4487	4502	4518	4533	4548	4564	4579	4594	4609	16—15
29	4624	4639	4654	4669	4683	4698	4713	4728	4742	4757	15—14
30	4771	4786	4800	4814	4829	4843	4857	4871	4886	4900	15—14
31	4914	4928	4942	4955	4969	4983	4997	5011	5024	5038	14—13
32	5051	5065	5079	5092	5105	5119	5132	5145	5159	5172	14—13
33	5185	5198	5211	5224	5237	5250	5263	5276	5289	5302	13
34	5315	5328	5340	5353	5366	5378	5391	5403	5416	5428	13—12
35	5441	5453	5465	5478	5490	5502	5514	5527	5539	5551	13—12
36	5563	5575	5587	5599	5611	5623	5635	5647	5658	5670	12—11
37	5682	5694	5705	5717	5729	5740	5752	5763	5775	5786	12—11
38	5798	5809	5821	5832	5843	5855	5866	5877	5888	5899	12—11
39	5911	5922	5933	5944	5955	5966	5977	5988	5999	6010	11
40	6021	6031	6042	6053	6064	6075	6085	6096	6107	6117	11—10
41	6128	6138	6149	6160	6170	6180	6191	6201	6212	6222	11—10
42	6232	6243	6253	6263	6274	6284	6294	6304	6314	6325	11—10
43	6335	6345	6355	6365	6375	6385	6395	6405	6415	6425	10
44	6435	6444	6454	6464	6474	6484	6493	6503	6513	6522	10—9
45	6532	6542	6551	6561	6571	6580	6590	6599	6609	6618	10—9
46	6628	6637	6646	6656	6665	6675	6684	6693	6702	6712	10—9
47	6721	6730	6739	6749	6758	6767	6776	6785	6794	6803	10—9
48	6812	6821	6830	6839	6848	6857	6866	6875	6884	6893	9
49	6902	6911	6920	6928	6937	6946	6955	6964	6972	6981	9—8
50	6990	6998	7007	7016	7024	7033	7042	7050	7059	7067	9—8
N	L 0	1	2	3	4	5	6	7	8	9	Δ

N	L 0	1	2	3	4	5	6	7	8	9	Δ
50	6990	6998	7007	7016	7024	7033	7042	7050	7059	7067	9—8
51	7076	7084	7093	7101	7110	7118	7126	7135	7143	7152	9—8
52	7160	7168	7177	7185	7193	7202	7210	7218	7226	7235	9—8
53	7243	7251	7259	7267	7275	7284	7292	7300	7308	7316	9—8
54	7324	7332	7340	7348	7356	7364	7372	7380	7388	7396	8
55	7404	7412	7419	7427	7435	7443	7451	7459	7466	7474	8—7
56	7482	7490	7497	7505	7513	7520	7528	7536	7543	7551	8—7
57	7559	7566	7574	7582	7589	7597	7604	7612	7619	7627	8—7
58	7634	7642	7649	7657	7664	7672	7679	7686	7694	7701	8—7
59	7709	7716	7723	7731	7738	7745	7752	7760	7767	7774	8—7
60	7782	7789	7796	7803	7810	7818	7825	7832	7839	7846	8—7
61	7853	7860	7868	7875	7882	7889	7896	7903	7910	7917	8—7
62	7924	7931	7938	7945	7952	7959	7966	7973	7980	7987	7
63	7993	8000	8007	8014	8021	8028	8035	8041	8048	8055	7—6
64	8062	8069	8075	8082	8089	8096	8102	8109	8116	8122	7—6
65	8129	8136	8142	8149	8156	8162	8169	8176	8182	8189	7—6
66	8195	8202	8209	8215	8222	8228	8235	8241	8248	8254	7—6
67	8261	8267	8274	8280	8287	8293	8299	8306	8312	8319	7—6
68	8325	8331	8338	8344	8351	8357	8363	8370	8376	8382	7—6
69	8388	8395	8401	8407	8414	8420	8426	8432	8439	8445	7—6
70	8451	8457	8463	8470	8476	8482	8488	8494	8500	8506	7—6
71	8513	8519	8525	8531	8537	8543	8549	8555	8561	8567	6
72	8573	8579	8585	8591	8597	8603	8609	8615	8621	8627	6
73	8633	8639	8645	8651	8657	8663	8669	8675	8681	8686	6—5
74	8692	8698	8704	8710	8716	8722	8727	8733	8739	8745	6—5
75	8751	8756	8762	8768	8774	8779	8785	8791	8797	8802	6—5
76	8808	8814	8820	8825	8831	8837	8842	8848	8854	8859	6—5
77	8865	8871	8876	8882	8887	8893	8899	8904	8910	8915	6—5
78	8921	8927	8932	8938	8943	8949	8954	8960	8965	8971	6—5
79	8976	8982	8987	8993	8998	9004	9009	9015	9020	9025	6—5
80	9031	9036	9042	9047	9053	9058	9063	9069	9074	9079	6—5
81	9085	9090	9096	9101	9106	9112	9117	9122	9128	9133	6—5
82	9138	9143	9149	9154	9159	9165	9170	9175	9180	9186	6—5
83	9191	9196	9201	9206	9212	9217	9222	9227	9232	9238	6—5
84	9243	9248	9253	9258	9263	9269	9274	9279	9284	9289	6—5
85	9294	9299	9304	9309	9315	9320	9325	9330	9335	9340	6—5
86	9345	9350	9355	9360	9365	9370	9375	9380	9385	9390	5
87	9395	9400	9405	9410	9415	9420	9425	9430	9435	9440	5
88	9445	9450	9455	9460	9465	9469	9474	9479	9484	9489	5—4
89	9494	9499	9504	9509	9513	9518	9523	9528	9533	9538	5—4
90	9542	9547	9552	9557	9562	9566	9571	9576	9581	9586	5—4
91	9590	9595	9600	9605	9609	9614	9619	9624	9628	9633	5—4
92	9638	9643	9647	9652	9657	9661	9666	9671	9675	9680	5—4
93	9685	9689	9694	9699	9703	9708	9713	9717	9722	9727	5—4
94	9731	9736	9741	9745	9750	9754	9759	9763	9768	9773	5—4
95	9777	9782	9786	9791	9795	9800	9805	9809	9814	9818	5—4
96	9823	9827	9832	9836	9841	9845	9850	9854	9859	9863	5—4
97	9868	9872	9877	9881	9886	9890	9894	9899	9903	9908	5—4
98	9912	9917	9921	9926	9930	9934	9939	9943	9948	9952	5—4
99	9956	9961	9965	9969	9974	9978	9983	9987	9991	9996	5—4
100	0000	0004	0009	0013	0017	0022	0026	0030	0035	0039	5—4
N	L 0	1	2	3	4	5	6	7	8	9	Δ

FSC
www.fsc.org
MIX
Papier | Fördert
gute Waldnutzung
FSC® C083411

Zeitfracht Medien GmbH
Ferdinand-Jühlke-Straße 7
99095 Erfurt, Deutschland
produktsicherheit@kolibri360.de